Well-being by Agriculture

# 農の福祉力で地域が輝く

## ～農福＋α連携の新展開～

*Hamada Kenji*

濱田 健司

創森社

# 農福＋α連携で地域をひらく〜序に代えて〜

## 農の福祉力の可能性

本書を通じて、農の福祉力の意義を明らかにし、その農の力を利用し障がい者、高齢者、生活困窮者等に役割を持ってもらうことで、それぞれの課題を解決するだけでなく、地域の課題を解決し、地域を豊かにしていく可能性があることを知ってほしい。

これまで単にサービスを受ける主体、あるいは可哀想な存在とみられてきた障がい者が、実はサービスを提供する主体になる。

役割を持ってもらうことで、やりがいを持ってもらったり、身体機能訓練になったり、身体を動かすことで精神障害に関する投薬量が減ったり、障がい者にとっても効果が高い。また、こうした役割が地域や社会に役立つのであれば、地域課題の解決に結びついていくのである。

だが、地域の中でそうしたポテンシャルを有しているのは、実は障がい者だけではない。高齢者、生活困窮者、生活保護受給者、出所受刑者など（本書では障がい者を含め、社会的条件の中でさまざまな公助、共助、互助による支え合いを必要とする人々を「キョードー〈協同、共同、共働、協働〉する人々」とする。第4章で詳述）も役割を果たすことができれば、これらの人々は自分の存在価値を見出し、社会に貢献することができるのである。

今、地域の中で存在価値が見出され、農業はもとより地域づくりに貢献するのは障がい者、そして「キョードーする人々」ともいえよう。

## 農林漁業分野への障がい者の就職の増加

近年、農業分野における障がい者の就労が進んでいる。2005年から14年までの10年間で、農林漁業に関わる職種へ就職している障がい者は506名であったものが2870名と、およそ5倍にまでなっている（厚生労働省）。08年9月にリーマン・ショックが起きた。未曾有の世界的金融危機がわが国にも襲いかかり、翌年には求人数や就職率は低下した。こうした状況下にもかかわらず、障がい者の農林水産業分野への就職は08年は747名であったが09年には1082名へと大きく増えた。

また、12年には2495名にまで増え、14年までの5年間で1800名近く増加したことになる。つまり、この10年の間、一貫して農林水産業で働く者は伸び続けているのである。

なお、このデータには林業と漁業も含まれるが、ほとんどが農業とみてよい。また、ここでいう就職というのは、民間企業への就職と就労継続支援A型事業所（以下、A型）への就労を指す。A型というのは、障害者福祉事業所が障がい者への就労支援のための報酬を受け取り、障がい者に対して最低賃金以上の給与を支払い、雇用契約を結ぶというものだ。

## 農業法人での障がい者雇用の増加

農業法人での雇用についてみると、やはりその数は増加している。日本農業法人協会の平成24年と26年「農業法人実態調査結果」によれば、平成24年は878社中38社（4・3%）で障がい者を雇用し、26年は867社中96社（11・0%）が雇用している。また、1法人当たりの障がい者雇用者数は1・9名となっている。

これは障がい者を雇用する法人の数および割合が増えているということである。

## なぜ、農業分野への障がい者の就職が増えるのか

では、なぜ農業分野への障がい者の就職が増えるのであろうか。それはA型事業所での農業の取り組みが広がったこと、企業における特例子会社の設立にともなう農業事業への取り組みの開始、農業法人での雇用といったことによる。

**A型での広がり**　一般に障害者福祉事業所は、企業等からの下請け作業を受託する事業に取り組んだり、パンや菓子製造・販売などを自主事業として取り組むことが多い。だが、こうした仕事では工賃（月額平均賃金）がなかなか上がらない状況にある。A型は最低賃金を支払うために、より高い売り上げを上げるために受託事業ではなく自主事業に取り組むと考えられる。

そこで自主事業として取り組むのは、実は事業所のまわりにある産業、それが農業であったといえる。工業製品の下請け作業は円高や委託元企業の意向で、仕事がなくなることが多く、継続し自立できる自主事業が必要となっているのである。

**企業での広がり**　企業は労働者を50名以上かかえる場合、2％以上の障がい者を雇用する義務を負っている（障害者雇用率制度）。そのため企業は、障がい者雇用に取り組まなければならないが、通常業務の中で雇用することは難しいという意識を持つことが多い。

そこで、厚生労働省は企業が特例子会社という子会社を設立し、障がい者をそこで集中して雇用すれば、障害者雇用率を達成できるという制度を整備した。実はこの特例子会社の事業として、誰でも取り組みやすい水耕栽培などの農業に取り組むところが増えているのである。

**農業法人での広がり**　また、農業法人は、外国人研修生などを受け入れ労働力不足を補っている

が、慢性的に人手が不足する状況にある。一方で、地域には働く場を求める障がい者がいる。この両方のニーズがマッチし、農業法人での雇用が進んでいると考えられる。

こうした中で、障がい者の農業分野での就労が着実に増えているといえよう。さまざまな社会的、経済的背景により障がい者の農業分野での就労は進んでいるが、その根底には実は農の有する力、とくに「農の福祉力」というものがあるからであろう。「農の福祉力」があるからこそ、心身に障害を持った人々が作業に従事しやすいといえる。

本書では、「農の福祉力」とは何かを問い、農の福祉力からみえてくる新たな農の役割を探っていく。そしてその中の一つである農福連携、つまり農業分野における障がい者の就労に関する全国の取り組み事例を報告し、さらには農福商工連携、農福＋α《アルファ》連携の事例についても紹介する。書名（副題）に入れた農福＋α連携には農業と福祉の連携にとどまらず、食（食料）、商（商業）、工（工業）、教（教育・学校）、医（医療・健康）、介（介護）など広義の意味合いがあるものとご理解いただきたい。

障がい者等の「キョードーする人々」が役割を持つことで共感しながら地域課題を解決し、地域を共に創生、つまり「共創・共生」していくことにつながる。そのきっかけが農福連携であり、そして農福商工連携、農福＋α連携であり、多様な関わりと広がりにより実現していくものである。

2016年　暮秋の頃に

濱田　健司

農の福祉力で地域が輝く～農福＋α連携の新展開～――――もくじ

もくじ

## 第3章　事例にみる農福連携の多様な展開　81

● MEMO ●

◆法令、引用文、団体名、一部の図表などを除き、障害者の「害」をひらがなで「がい」にしています

◆本文中の文献などで登場する方々の所属、敬称を略しています

◆肩ナンバーの〈注釈〉は、章ごとにナンバー順どおり章末に掲載しています

◆本文中に登場する主な団体、組織などの連絡先は、巻末のインフォメーションで紹介しています

◆第3章の事例の一部は、平成26年に日本農業新聞「農福連携高まる期待」として26回にわたり掲載されたものの中から次の取り組み例を収録。フーグヴィ農場・バスタ農場、白鳩会、パーソナルアシスタント青空、こころみ学園、香川県社会就労センター協議会、サニーリーフ彦根農場、日本青少年育成協会・サポートセンターゆめさきなど、日本労働者協同組合、島根あさひ社会復帰促進センターなど、こころん、虹の会。なお、データや取り組み内容は改変しましたが、一部は掲載当時のものです。

タマネギの選別、調製作業(埼玉福興)

## 第１章

# 農と福祉の結びつきと可能性

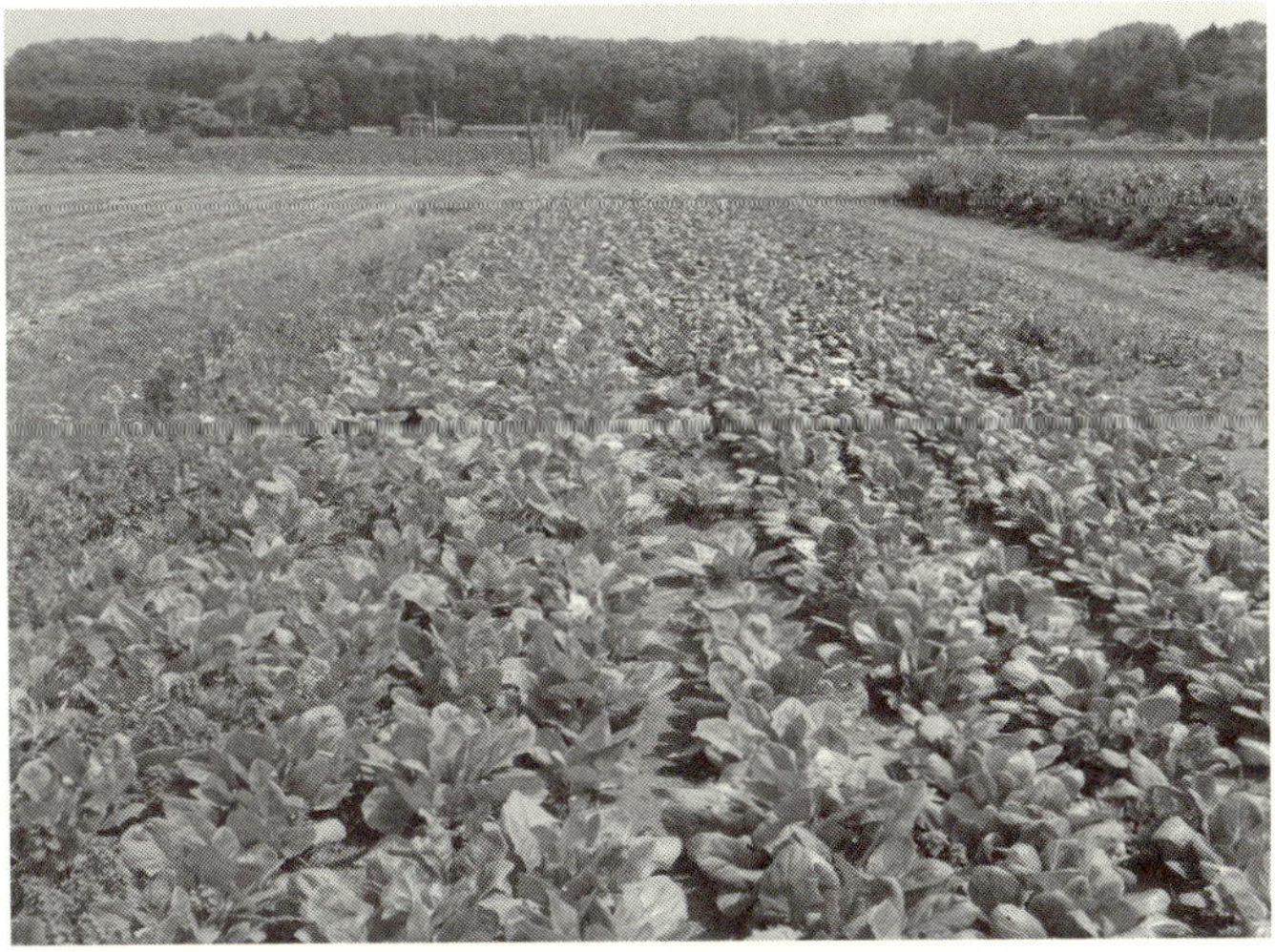

遊休農地を生かし、葉物野菜を栽培

# 農と福祉の関係と農の福祉力のとらえ方

## 農と福祉の関係

農業は人間にとって、「キツイ、キタナイ、キケン」な3Kと呼ばれることもあるが、実は普通の建物の中での労働に比べ、自然の中で生き物を相手にする労働であり、自分が育てる感覚もあり、癒しもあり、働きやすい。

ここに障害を持つ人々が社会参画、社会復帰していく姿を見ることができる。それは農の有する力の一つ、福祉力にあるといえる。ここではその農の力および福祉力とは何かについて探ってみよう。

**「農の力」＝「いのちの力」**

まず「農の力」は、大きく「いのちの力」、「経済の力」、「環境の力」の三つに分けられる**（図1－1）**。

「いのちの力」は、さらに、①食物力（食べることによる身体形成のための力）、②福祉力（接すること〈食べる、つくる、場〉による癒し、健康づくり等のための力）、③教育力（接することによる人格形成のための力）、④生物育成力（人間が関与することによる生物〈植物〉を育む力）に分けることができる。

「経済の力」は、①雇用力（地場産業としての力）、②所得力（所得創出としての力）、「環境の力」は、①生物環境保全力（生態系を保全する力）、②地球環境保全力（地球環境を保全する力）に分けられる。

「経済の力」、「環境の力」もいのちに関連しており、まとめると、広義の「農の力」というのは「いのちの力」といえる。

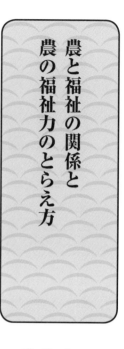

次に、農に期待される役割を考えてみたい。これまでの主な農の役割は、「食物力」（人間生命形成）、「生物育成力」（農作物の生産）、「雇用力」および「所得力」（地場産業、収入）であった。

一方、これからますます期待される農の役割として、「福祉力」（癒し、健康づくり、レクリエーション等)、「教育力」(食農教育、人格形成)、「生物環境保全力」(生態系の保全)、「自然環境保全力」(地球環境の保全)がある。

これらは、農に新しい付加価値を生み出す可能性があり、単に農産物を生産するだけではない新しい産業を創出する可能性があるものである。

図1－1　農の力の要素

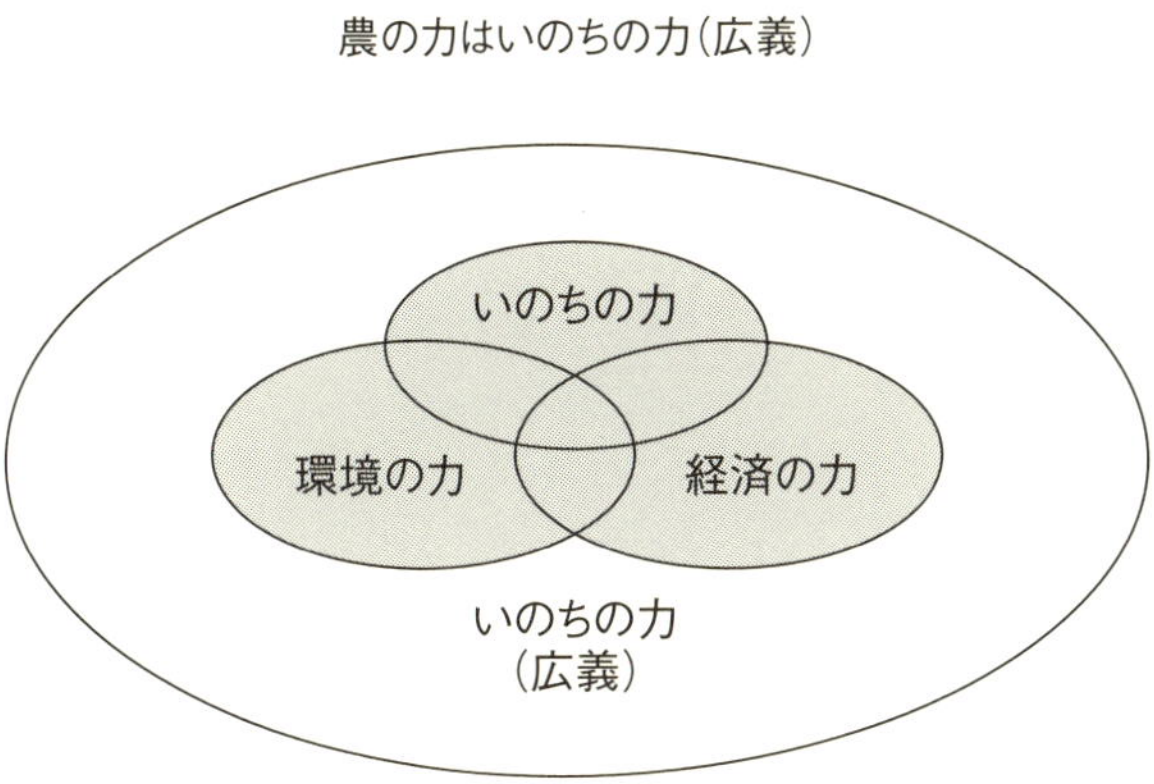


資料：著者作成

## 「農の福祉力」とは

期待される農の役割のうち、農の「福祉力」についてて、より詳細にみていこう。

農の「福祉力」とは、「つくること」、「食べること」、「その場にいること」などにより「癒し」「健康づくり」等の効果を発揮する、人の心・気・体などへの作用の一つである。その効果を発揮するための主な方法は、「つくること」、「食べること」、「その場にいること」である。

主な効果としては、「癒し」、「健康づくり」、「治療(ケア・リハビリテーションを含む)」、「レクリエーション」、「生き甲斐づくり」などがある。

発揮される対象は、障がい者、要介護認定者、生活困窮者、生活保護受給者、引きこもり、難病を患う人々、出所受刑者などの「キョードーする人々」、そして一般の他の子ども、社会人、高齢者など、つまりすべての人々である。

## 「農から福祉へ」の作用

農と福祉には、「農から福祉へ」と「福祉から農へ」のそれぞれに作用がある。まずこのうち、「農から福祉へ」の作用を図示してみると、**図1―2**のようになる。

図1－2　農による福祉の作用

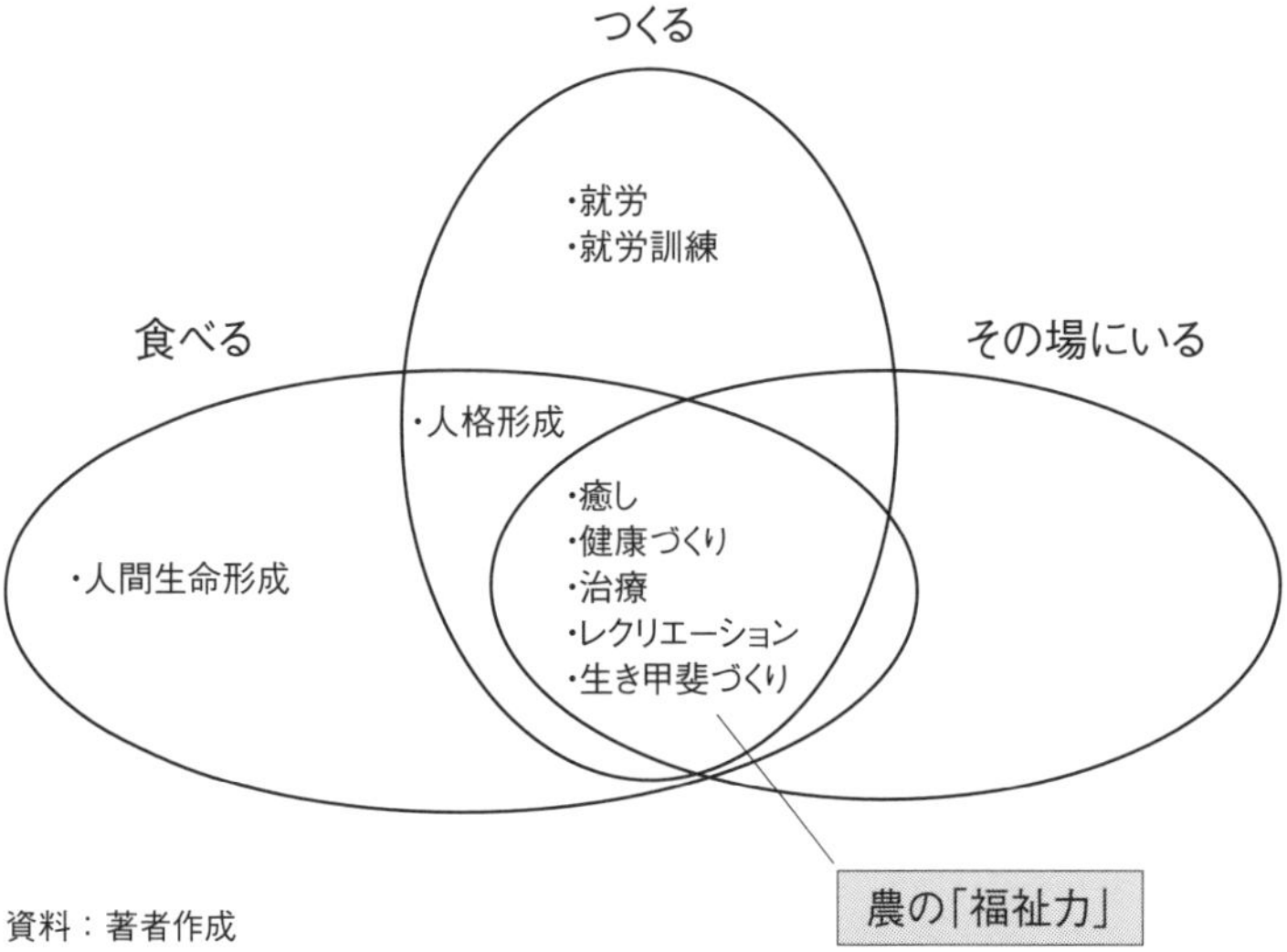


資料：著者作成

図からわかるように、「つくる」ことからは就労、就労訓練、「食べる」ことからは人間生命形成がある。「つくる」、「食べる」ことの両方にかかるものとして人格形成がある。さらに「その場にいる」ことも関係するものとして、癒し、健康づくり、治療（ケア・リハビリテーションを含む）、レクリエーション、生き甲斐づくりがある。この三つが重なっている部分が、狭義の意味での農の「福祉力」となる。

## 「福祉から農へ」の作用

次に、「福祉から農へ」の作用について整理してみると、**図1―3**のようになる。

「つくる」こと、「その場にいる」ことについて、例えば障がい者をイメージすると、障がい者が農業生産や園芸を行うことは農地管理や担い手の役割を果たすこととなる。

また、障がい者が職場にいることで、人間関係や場が和やかな雰囲気になる。さらに障がい者に合わせ、情報や作業が改善されれば誰もが働きやすくなる。

図1－3　福祉による農への効果

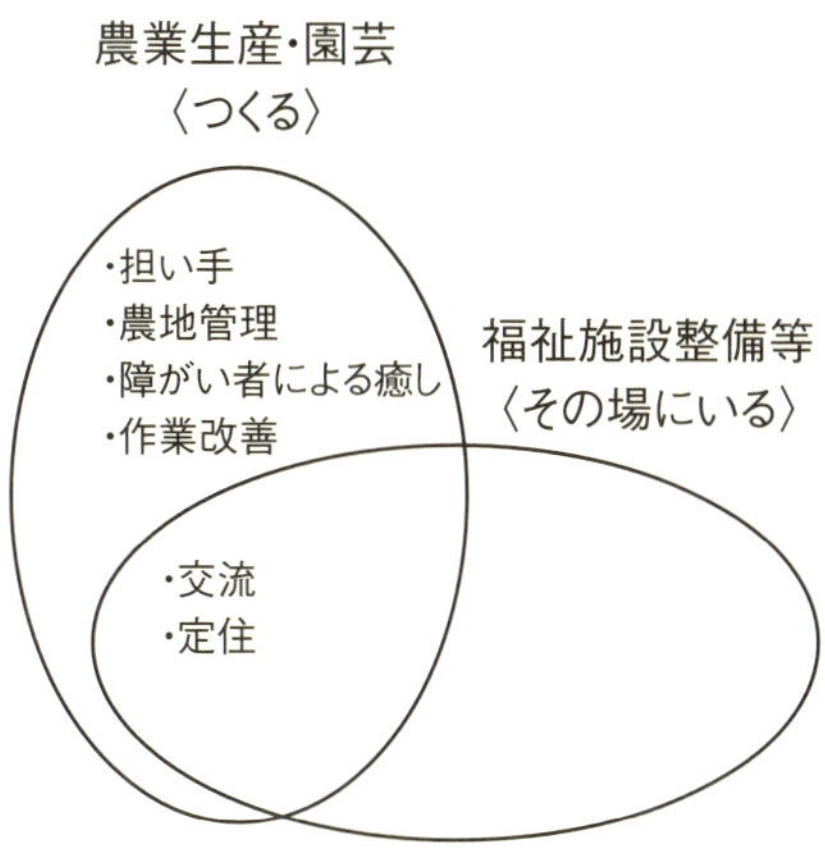


資料：著者作成

加えて、障害者福祉事業所等が農村地域にあることによって、交流・定住の機会をつくり出す役割を果たす可能性がある。農村移住や就農を希望する者に対して、農業所得だけでは生活が難しいと考えられることから、障害者福祉事業所等において就職し、兼業しながら自らが農業を行うというスタイルもあるのではないであろうか。これは後述する八つ目の農福連携のパターン、新しい兼業となり得る（38頁）。

以上のような「農から福祉へ」、「福祉から農へ」のサービスに関わる産業分野は、既存の産業としては、農業、レジャー産業、教育産業、医療産業、福祉産業（社会復帰を含む）が考えられる。

ただし今後は、前記の異なる分野の産業同士が連携して、新しいサービスを創造していく必要があろう。

また、農の価値は多様であり、その多様な価値に合わせたサービスを生み出すことで、新たな産業領域を創出することが可能となる。「農の福祉力」にはその可能性が秘められているのである。

## 農の福祉力の定義

次に「農の福祉力」という言葉の意味についてみていこう。これまで用いられてきた意味と本書での意味について説明していく。

### 農の福祉力の出現

「農の福祉力」という言葉は新しい。2000年代に入って、数は少ないが、タイトルや文中に用いられるようになっている。

これまで岡田孝裕が「〃農の福祉力〃と〃福祉の農業力〃の合体を目指して」（NPO法人大阪障害者雇用支援ネットワーク『農業が作るふくし・ろうどう』平成19年度）、本間雄太が「〃農の福祉力〃に出合うまで」（『作業療法ジャーナル』平成25年4月号）において、タイトルにこの言葉を用いて事例報告をしている。

行政では、農林水産省の出先機関の一つ中国四国農政局のホームページに「農の福祉力（障がいのある人の雇用促進）」というタグが掲載され、障がい者の農業分野での雇用にかかるパンフレットや補助事業や事例紹介などの情報提供を行っている。平成19年11月にはシンポジウム「クローズアップ農の福祉力」を開催している。

また、国民生活センターが「高齢者の社会参加と都市における農の活動の展開」（松宮朝『国民生活』平成25年10月号）や全国町村会が『農業・農村政策のあり方についての提言　都市・農村共生社会の創造』（平成26年9月）の中で健康の増進や生き甲斐の創出などの新たな効用として記述している。

## これまでの農の福祉力の意味

このほかにも「農の福祉力」という言葉を用いたものはみられるが、農の福祉力という言葉について整理し定義した文献は多くない。以下では、まずこれまでの定義についてみていく。

農の持つ福祉力として、月刊誌『農業と経済』において松尾英輔が平成13年1月号に「農耕・農村の福祉力〜園芸療法・園芸福祉の可能性を探る〜」という論稿を掲載している。それに続き、同誌平成16年3月号で「輝け！農の福祉力」という特集が組まれ、その中で北川太一が定義を行っている。さらに平成25年に池上甲一が農文協より書籍『農の福祉力』を出版し、その中で記述している。

松尾は、園芸や植物には心身へのケアの効用があるだけなく、人間の余暇、さらには健康・地域・人づくりにつながる効用[1]があるとしている。

北川は、農の福祉力は癒しの力であり、それは障がい者への癒し、さまざまな人々の健康づくりに効用があり、福祉力を活かした活動そのものが地域課題の解決にもつながっていく[2]としている。

## 表１－１　農が福祉に供給できるサービス

**対象**

対象は前述のとおり、障がい者、要介護認定者、生活困窮者、生活保護受給者、引きこもり、難病を患う人々、出所受刑者などの「キョードー（kyodo）する人々」、そして一般の他の子ども、社会人、高齢者などである。

**ニーズ**

ニーズとしては、①癒し、②健康づくり、③治療（ケア・リハビリテーションを含む）、④レクリエーション、⑤生き甲斐づくり、⑥就労、⑦教育（教育は教育力として分けているがニーズの一つ）が考えられる。そのために提供できるサービスとしては、①就労（農業生産）、②就労訓練、③農業体験、④農村生活体験、⑤農村旅行、⑥園芸福祉、⑦園芸療法などがあげられる。

ニーズにより、提供するサービスは異なっており、例えば、「癒し」のニーズに対しては、「園芸福祉、園芸療法、農村旅行、農業体験」のようなサービスが提供でき、サービスにより、さまざまな業種よりアプローチは可能である。

**実施主体**

サービスの実施主体は、農家、農業法人、医療施設、福祉施設（障害者福祉事業所、介護保険事業所等）、協同組合（農協・生協等）、幼稚園・保育園、学校・短大・専門学校・大学、農業大学校、第３セクター、社会福祉協議会、シルバー人材センター、企業、地方自治体などが考えられる。場合によっては、複数の主体が連携することも考えられ、連携することでより多様でニーズに合ったサービスを提供できるであろう。

資料：著者作成

## 表１－２　福祉が農へ提供するサービス

**対象**

対象としては、農業（農家、農業法人等）、農村が考えられる。

**ニーズ**

対象別にニーズを考えると、農業（農家、農業法人等）では、①新規就農促進、②中途就農促進、③農地等の管理など、農村では、①交流促進、②定住促進、③地域環境保全、④地域活性化などがある。

提供できるサービスとしては、①農業生産の担い手となること、②農地等の管理、③花壇・街路樹等の街中緑化、④旅行・遠足・体験等による農村地域の福祉施設やサービスを利用した農村交流、⑤農村定住が考えられる。例えば、地域資源である福祉施設を活用した宿泊や体験、さらには福祉施設への就職による都市から農村への移住などが考えられる。

**実施主体**

実施主体は、福祉施設、医療施設、協同組合、社会福祉協議会、地方自治体、第３セクターなどがある。

**サービスの提供場所**

サービスの場所は、農地、農業施設、遊休農地、施設建物内（医療施設、福祉施設、学校等）、施設建物外の敷地内、公園・駅等のさまざまな公共の場、民間施設などが考えられる。

資料：著者作成

池上は農の癒しの機能が保養・健康増進・治癒に効果を発揮するだけでなく、地域の労働や産業の機会を作り出す。そして福祉力には一方的な作用ではなく、関係者相互が主体的に参画し、よくなっていく力があるとしている。(3)

## 農の福祉力をとらえ直す

本書における「農の福祉力」とは前述のとおり、

姫チンゲンサイの根切り作業(静岡県浜松市・京丸園)

『「つくること」、「食べること」、「その場にいること」などにより「癒し」「健康づくり」等の効果を発揮する、人の心・気・体などへの作用の一つ』である。農からの福祉力であり、人間への作用である。

これは農産物や農地だけが有する力ではなく、農が存在する地域全体がこうした力を持つということになる。それは農村が有する「外延的な農の福祉力」といえ、地域全体が農の福祉力を有しているといえる。とくに「その場にいること」による効果といえる。

その効果は、働くことにもつながっていく。そして今後、この効果を有効に活用することができれば、農業や農村の新たなサービスを生み出すことにもつながっていくのだ。ひいては地域課題を解決するばかりでなく、地域を創生していくことも可能となる。この福祉力の価値を、今日的に産業や生活に位置づけることによって、農業や農村は、これまでのように単に農産物を供給する産業や地域というだけでなく、新たな産業そして新たな地域の価値を生み出すことができるであろう。

# 農の福祉力による効果

## 農業活動のアンケートから

　ここでは農の福祉力の実際の効果について、農業活動に関するアンケート結果（日本セルプセンター実施）より明らかにしていきたい[4]。

　障がい者への生活支援や就労支援などを実施する厚生労働省の障害福祉サービスを提供する事業所に勤める職員を対象にした意識調査を実施、取りまとめたものである。医的な効果測定[5]ではなく、あくまで主観による調査結果といえるが、８３２の事業所での量的な調査であること、また多面的な分析を行ったことから、農の福祉力にかかるさまざまな効果が浮かび上がってきている。

　なお、ここでいう農業活動とは、厚生労働省の障害福祉サービス事業である生活訓練、自立訓練、地域活動支援、就労移行支援、就労継続支援Ａ・Ｂ型等における販売や自給のための農産物生産活動を指す。

## 障害への効果

### ４分の１が改善効果を実感

　身体障害の状況については、「変化なし」が多いが、「改善した」というのが1割強まで達している。また「悪化した」というのは皆無であった。身体障がい者の障害に一定の効果があることがうかがわれる。知的障害の状況についても、なんと約4分の1が「改善した」とみており、「悪化した」は皆無である。精神障害の状況については、「改善した」が約4分の1にまで達している（**図１－４**）。

　単なる身体・精神の状況でなく、障害が改善していると感じているのだ。

### さまざまな障害も改善

　さらに身体障害の状況が「改善した」とする事業所について障害の程度・等級区分構成をみると、身

図1－4　障害状況の変化

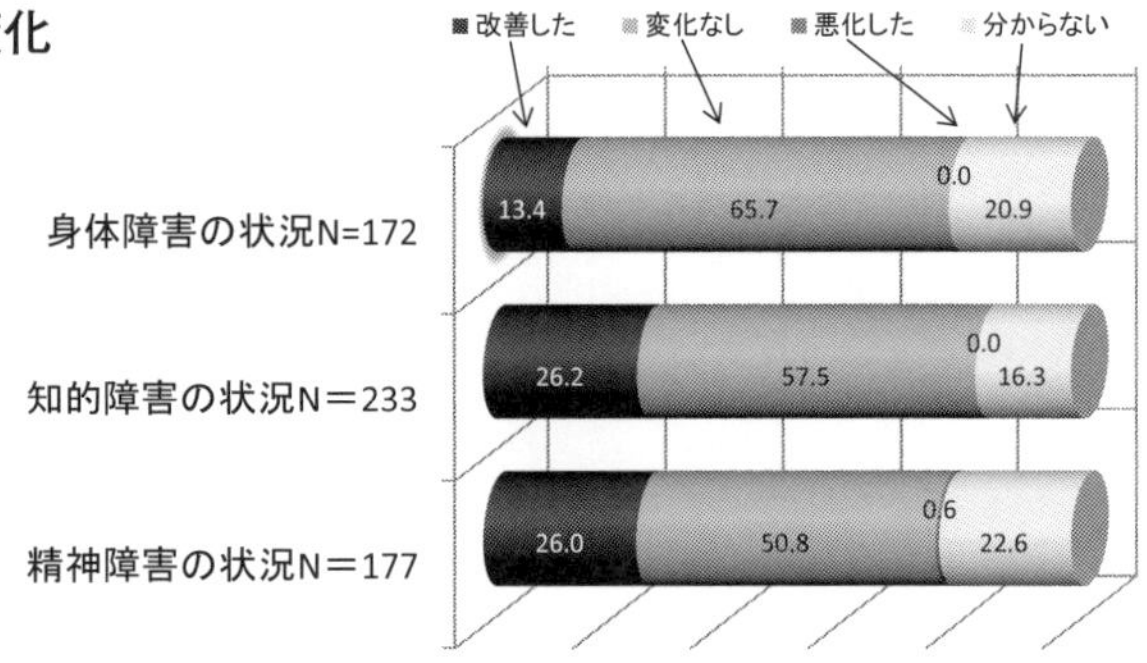


出典：NPO法人日本セルプセンター『農と福祉の連携についての調査研究報告』（平成26年3月）

体障害では重度者、知的障害では中・軽度者に効果がみられる。精神障害では中度者が多く改善している（表1－3）。

知的障害の状況が「改善した」とする事業所についてみると、「身体障害の状況」と同様に身体障害では重度者、知的障害では中・軽度者に効果がみられる。精神障害では中度者が多く改善している（表1－4）。

精神障害の状況が「改善した」とする事業所についてみると、「身体障害の状況」「知的障害の状況」と同様に、身体障害では重度者、知的障害では中・軽度者に効果がみられる。精神障害では中度者が多く改善している（表1－5）。

## 高い工賃を支払うところでは3障害で効果が高い

平均工賃別（いわゆる月額平均賃金）でみると身体障害は「改善した」割合が、「3万円以上」で比較的高いことから、収益を目指す事業所において身体障害への改善効果がみられる（図1－5）。

知的障害では平均工賃が上がるにしたがい、「改善した」の割合が高くなる傾向が出ている。「1万円未満」は28・4％だが、「3万円以上」は38・5％に達している。これも「身体障害」同様に、収益を目的に取り組む事業所ほど知的障害が改善されているといえる（図1－6）。

精神障害でも「1万円未満」は26・8％だが、「3万円以上」は50・0％にまで達している。収益を目的に取り組む事業所ほど障害が改善されている。とくに「3万円以上」を支払う中の半数の事業所が効果があるとしているのだ（**図1－7**）。

## 心身への効果

次に「心身の変化」についてだが、単純に身体および精神にかかる全体的な機能への効果についてもみていく（**図1－8**）。

### 心身の状況はとてもよくなった

身体の状況については、「よくなった」が45・0%にも達し、「悪くなった」は皆無である。精神の

**表1－3　障害の程度・等級区分構成**

身体障害が「改善した」と答えた施設について　N=21

| 身体障害 | 1,2級 | 3,4級 | 5,6級 | 合 計 |
|---|---|---|---|---|
| | 40 | 19 | 8 | 67人 |
| | 59.7 | 28.4 | 11.9 | 100% |
| 知的障害 | A | B | | 合 計 |
| | 123 | 182 | | 305人 |
| | 40.3 | 59.7 | | 100% |
| 精神障害 | 1級 | 2級 | 3級 | 合 計 |
| | 6 | 94 | 15 | 115人 |
| | 5.2 | 81.7 | 13.0 | 100% |

※施設の障がい者数合計

**表1－4　障害の程度・等級区分構成**

知能障害が「改善した」と答えた施設について　N=58

| 身体障害 | 1,2級 | 3,4級 | 5,6級 | 合 計 |
|---|---|---|---|---|
| | 50 | 21 | 8 | 79人 |
| | 63.3 | 26.6 | 10.1 | 100% |
| 知的障害 | A | B | | 合 計 |
| | 269 | 571 | | 840人 |
| | 32.0 | 68.0 | | 100% |
| 精神障害 | 1級 | 2級 | 3級 | 合 計 |
| | 11 | 84 | 17 | 112人 |
| | 9.8 | 75.0 | 15.2 | 100% |

※施設の障がい者数合計

**表1－5　障害の程度・等級区分構成**

精神障害が「改善した」と答えた施設について　N=42

| 身体障害 | 1,2級 | 3,4級 | 5,6級 | 合 計 |
|---|---|---|---|---|
| | 56 | 18 | 10 | 84人 |
| | 66.7 | 21.4 | 11.9 | 100% |
| 知的障害 | A | B | | 合 計 |
| | 138 | 340 | | 478人 |
| | 28.9 | 71.1 | | 100% |
| 精神障害 | 1級 | 2級 | 3級 | 合 計 |
| | 11 | 149 | 25 | 185人 |
| | 5.9 | 80.5 | 13.5 | 100% |

※施設の障がい者数合計

出典：いずれもアンケート調査結果の分析により作成

## 図１－５　平均工賃別の身体障害の状況

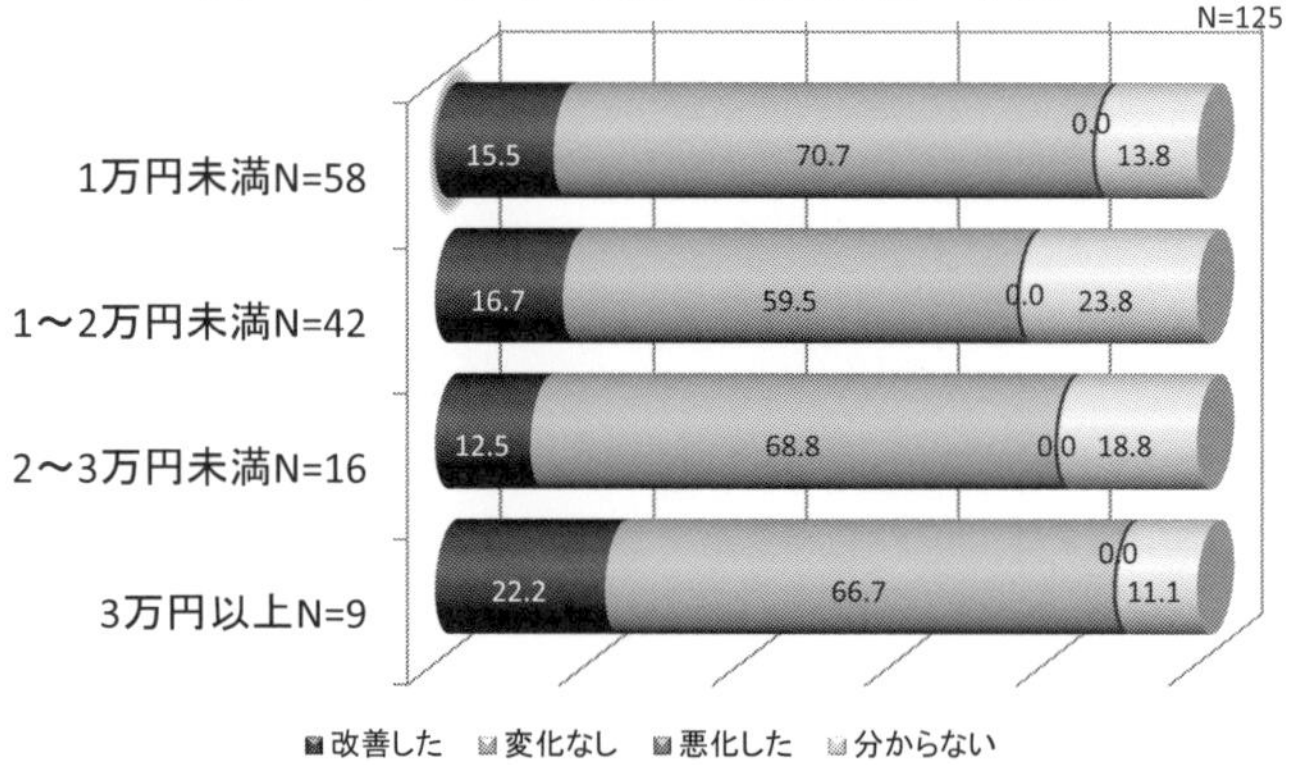


## 図１－６　平均工賃別の知的障害の状況

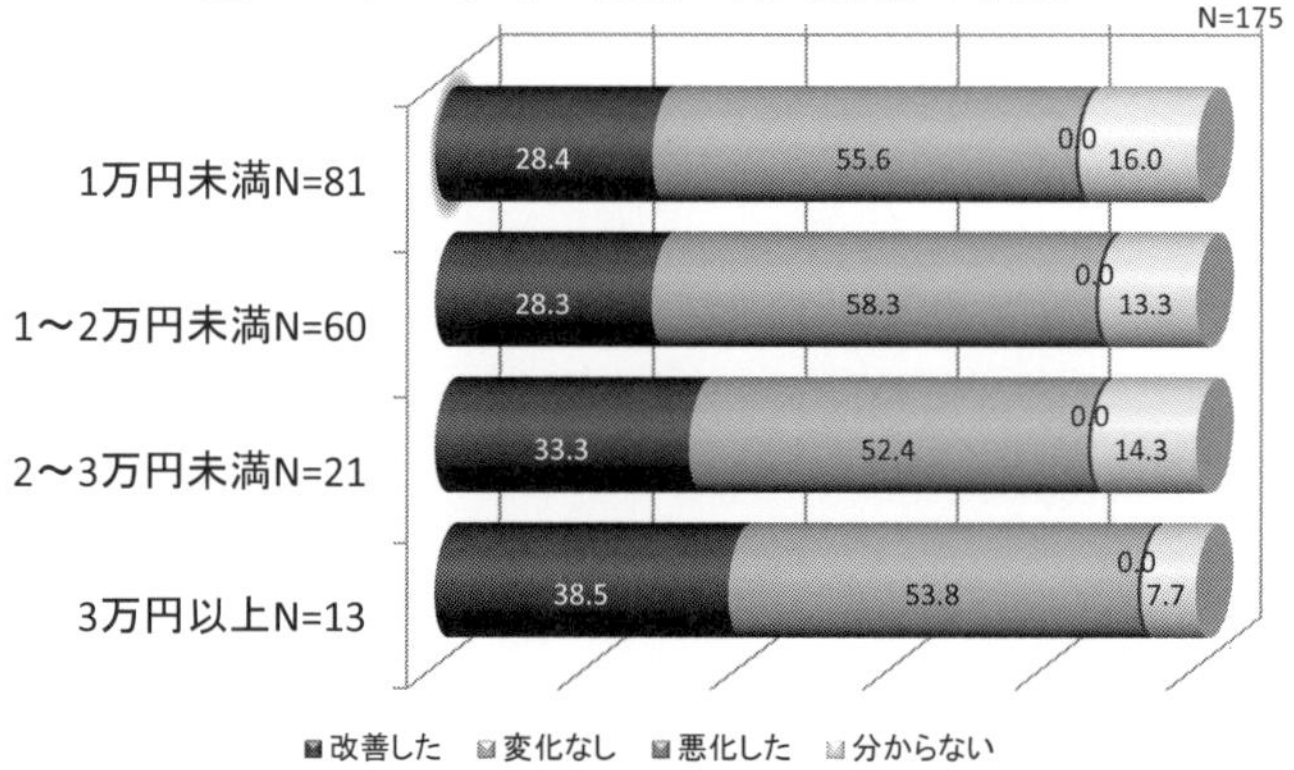


## 図１－７　平均工賃別の精神障害の状況

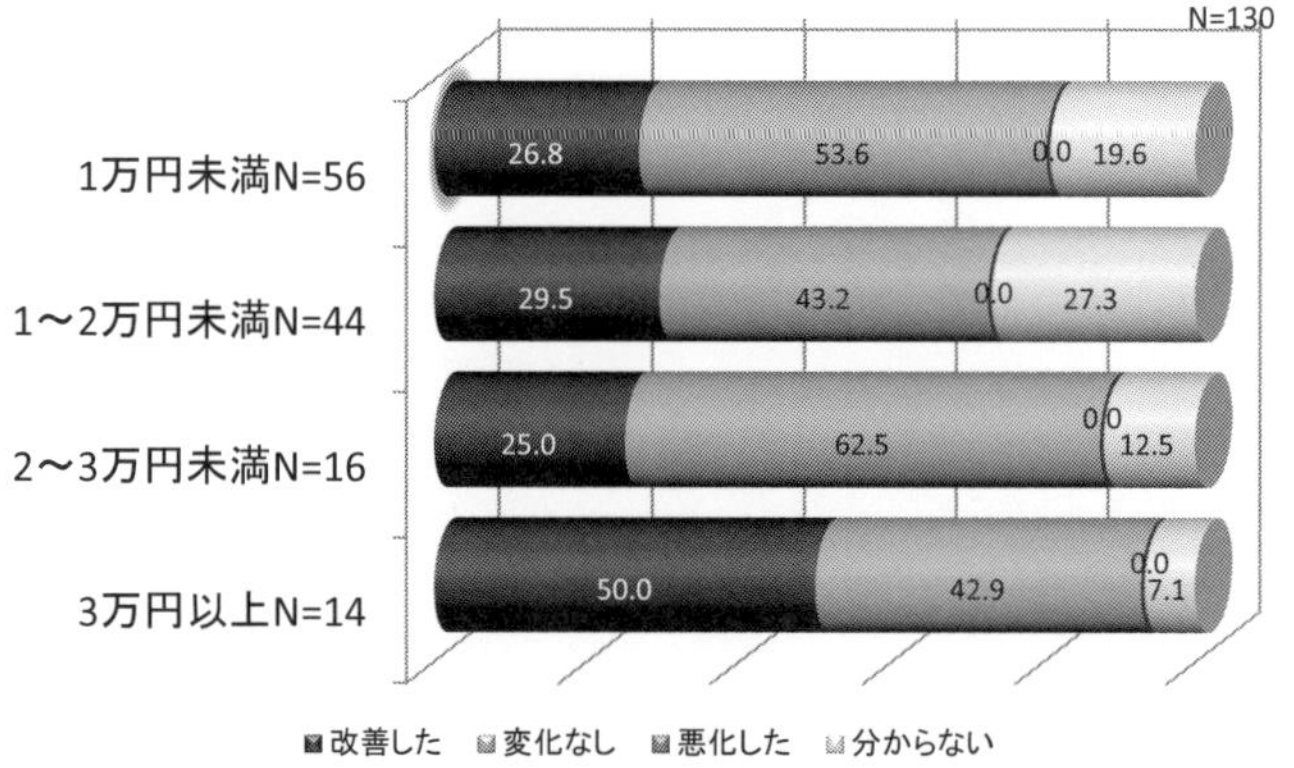

図１－８　心身の変化

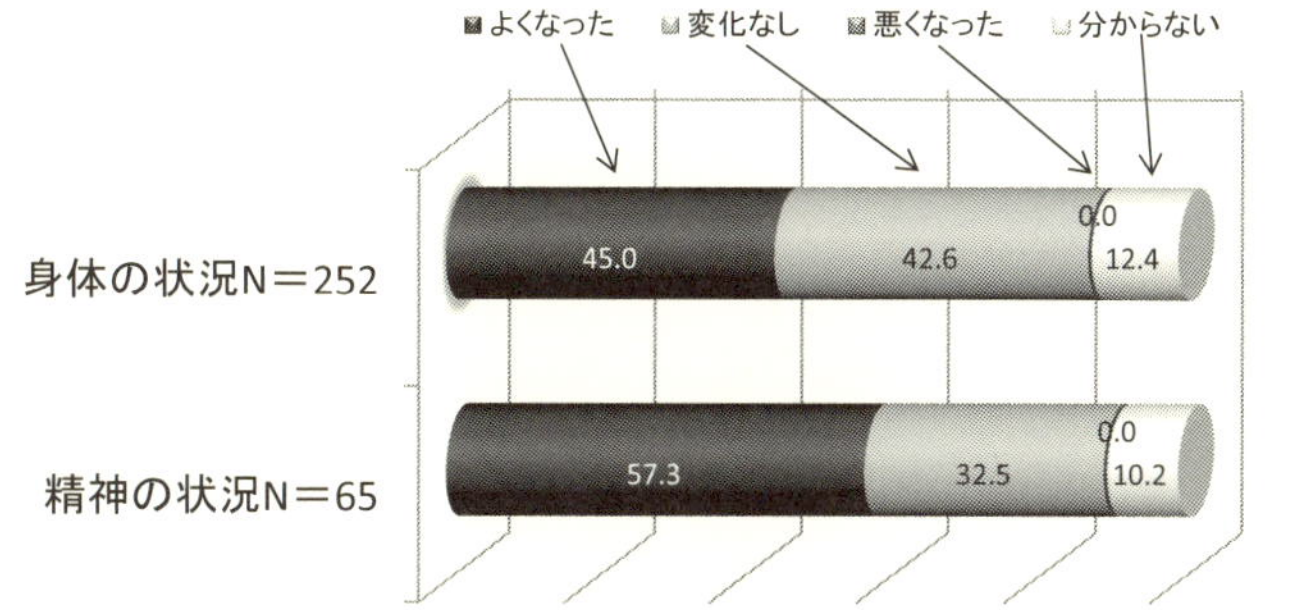


図１－９　平均工賃別の身体状況の変化

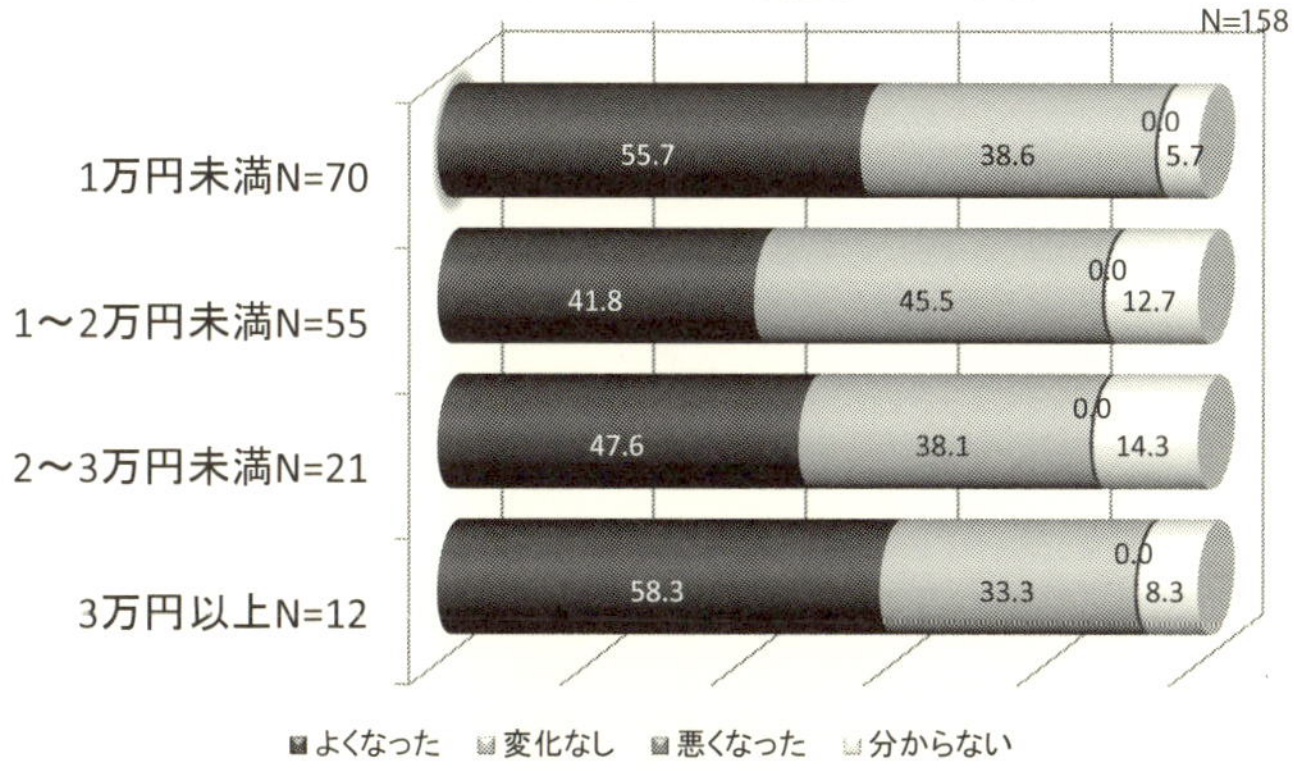


図１　10　平均工賃別の精神状況の変化

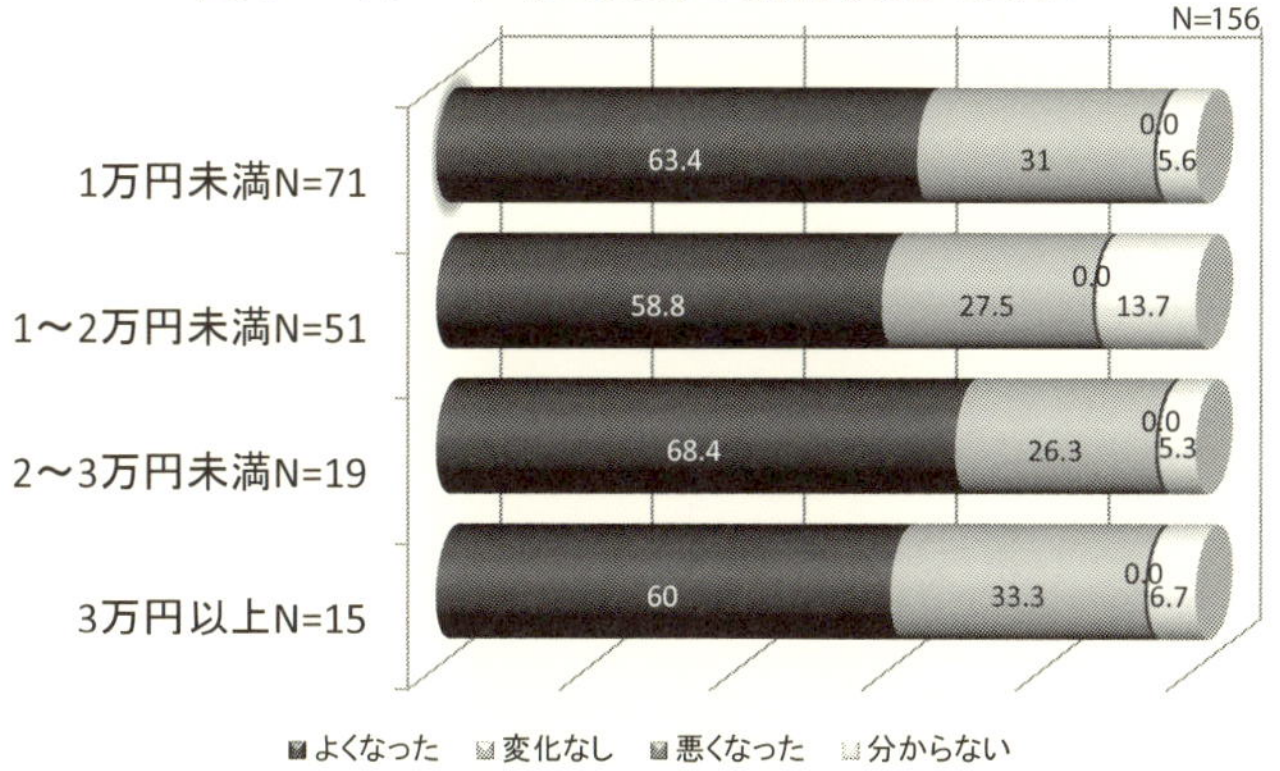


出典：いずれもアンケート調査結果の分析により作成

状況についてみると、「よくなった」が57・3%と約6割にも達し、精神への効果が高い。

### さまざまな障害に効果

身体状況および精神状況が「よくなった」とする事業所について障害の程度・等級区分構成をみると、「身体障害の状況」「精神障害の状況」と同様、身体障害では重度者、知的障害では中・軽度者に効果がみられる。精神障害では中度者が多く改善している。

### 目的によって工賃は異なる

図1－11　工賃の変化

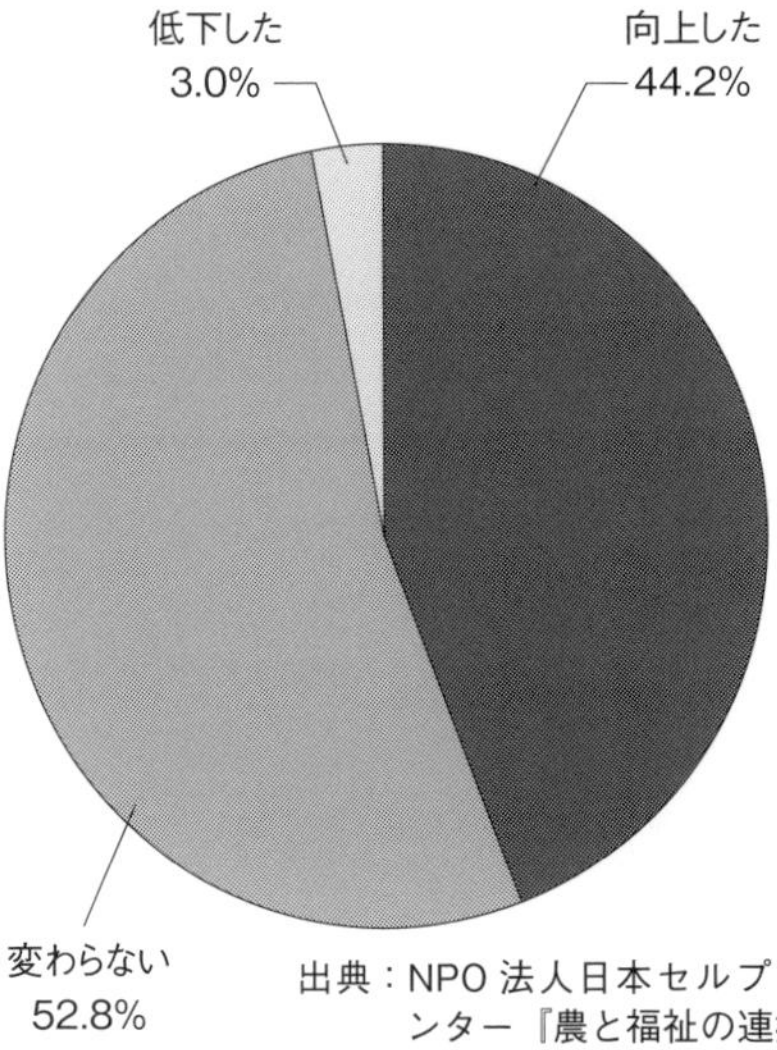


出典：NPO法人日本セルプセンター『農と福祉の連携についての調査研究報告』（平成26年3月）

身体の状況について平均工賃別に「よくなった」の割合をみると、「1万円未満」か「3万円以上」の両極で高い（**図1－9**）。これは単に収益や就労を目的とした平均工賃の高い事業所だけではなく、治療（ケア・リハビリテーションを含む）を目的とした農業活動であっても、効果があることを示しているといえる。精神の状況については、金額による大きな差はみられない（**図1－10**）。

## 工賃への効果

### 4割以上が向上した

農業活動に取り組んだことによる工賃の変化については、「向上した」が44・2%となっており、多くの事業所で工賃向上につながっていることがわかる（**図1－11**）。工賃別にみると、平均工賃が高いほど、「向上した」の割合が高い傾向がうかがわれる。つまり、工賃向上の意識の高い事業所ほど工賃は向上していると考えられる（**図1－12**）。

### 6次産業化、収益を目指す事業所は高い

次に、工賃の変化について事業所特性別に「向上

### 図1－12　平均工賃の変化

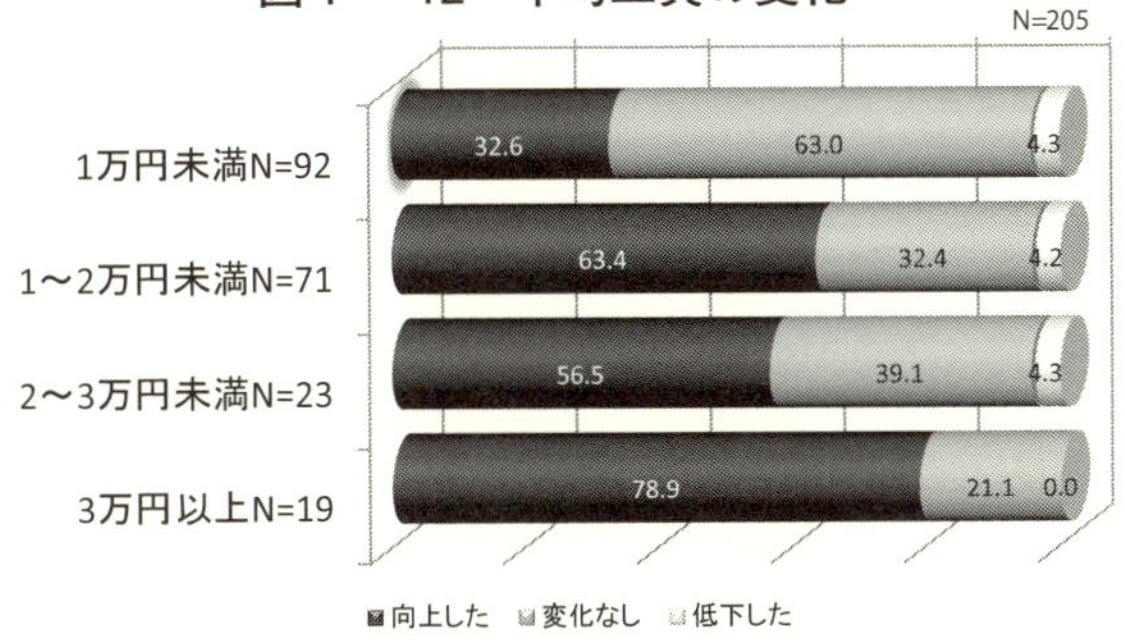


出典：アンケート調査結果の分析により作成

### 図1－13　事業所特性別の工賃の変化①

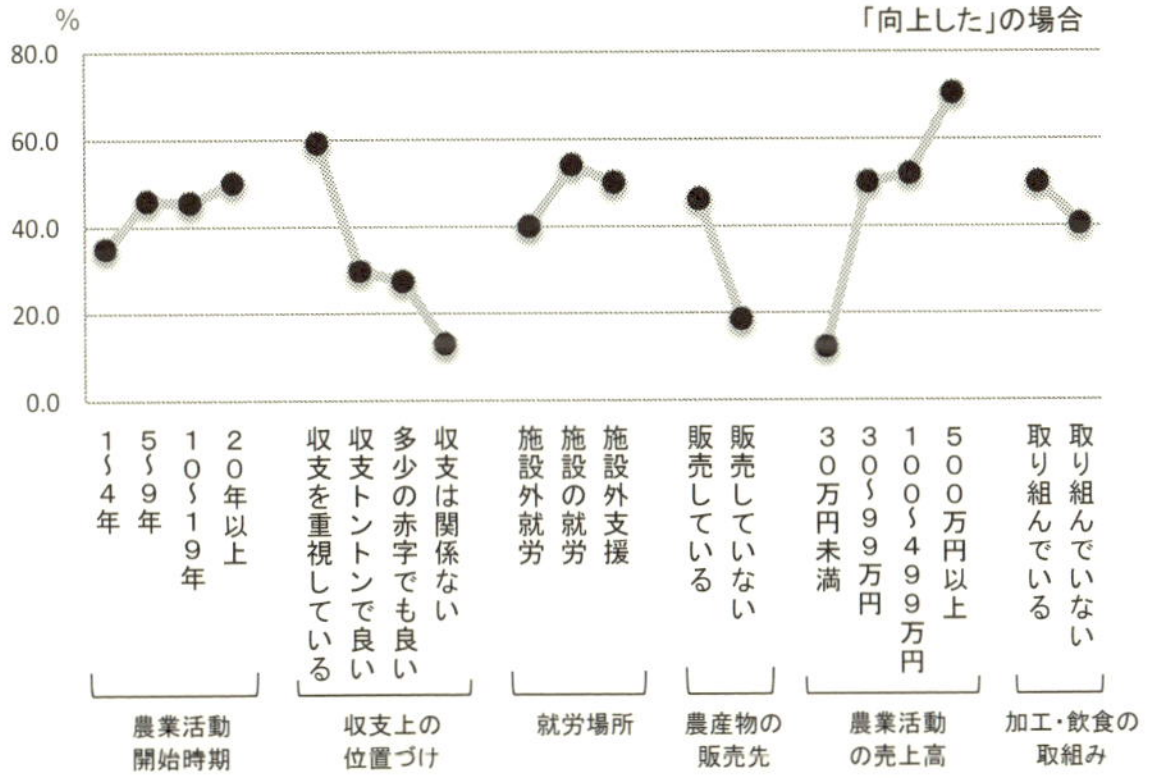


出典：NPO 法人日本セルプセンター『農と福祉の連携についての調査報告』（平成 26 年3月）

### 図1－14　事業所特性別の工賃の変化②

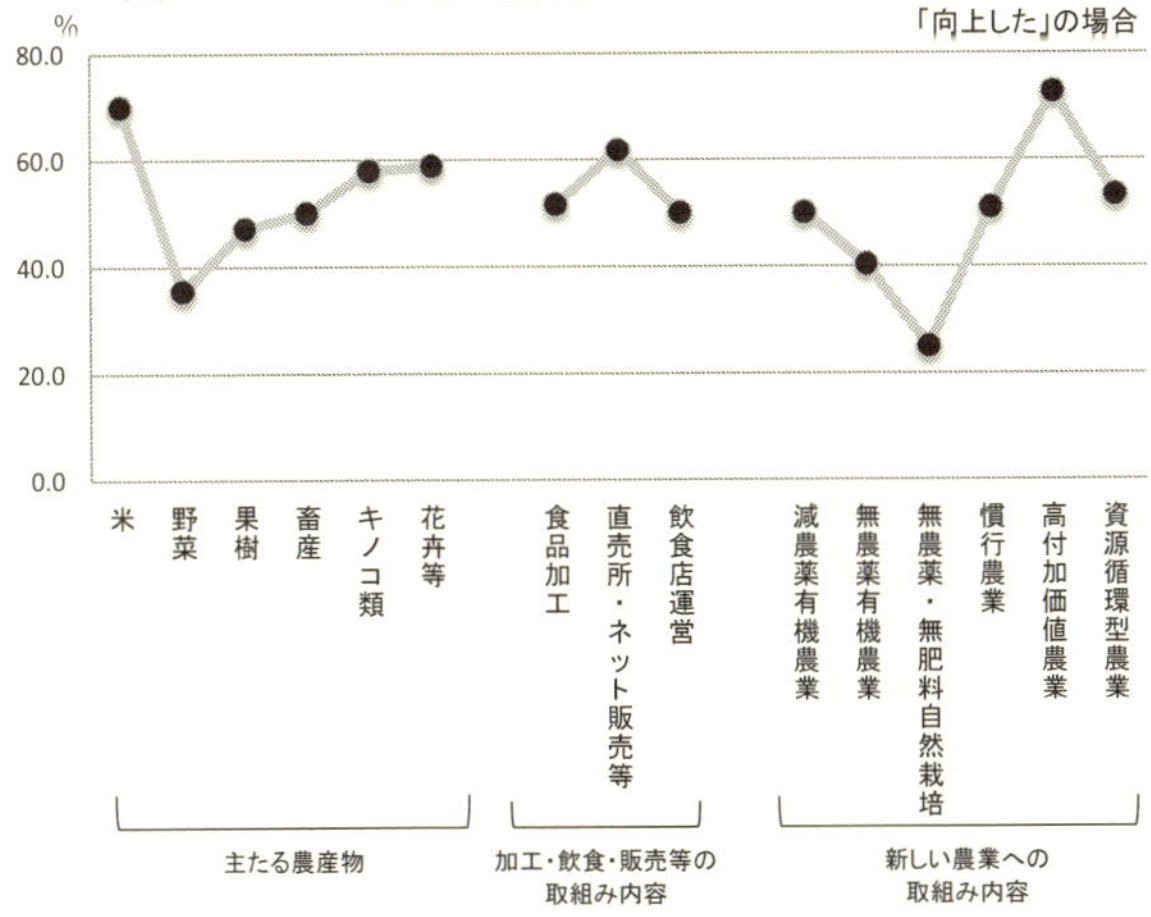


出典：アンケート調査結果の分析により作成

した」という割合をみると、長期にわたり農業活動に取り組む事業所ほど工賃は向上している傾向にある。加えて、販売や加工・飲食等の6次産業化にも取り組み、収支を重視している事業所では売り上げ高も高く、工賃も高い（**図1－13**）。

**米生産、直販をするところは高い**

「米」に取り組む事業所、そして直売所・ネット販売等を行う事業所において工賃は向上している（**図1－14**）。

**3障害とも4～5割が工賃向上**

図1－15　農業活動の効果

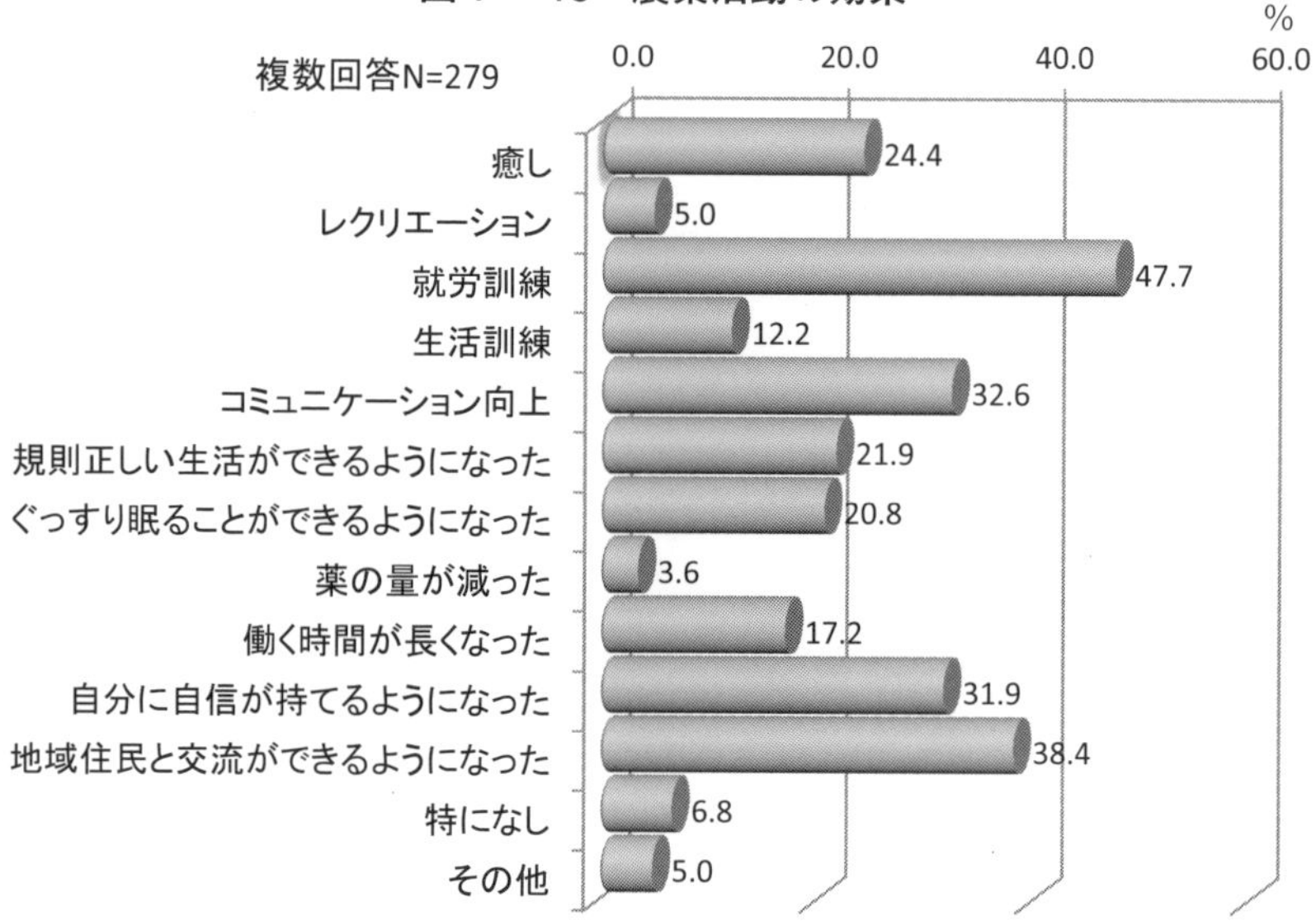


出典：NPO 法人日本セルプセンター『農と福祉の連携についての調査研究報告』（平成 26 年３月）

障害の種別構成で工賃の変化をみると、工賃は「身体障害者」で47・6％、「知的障害者」で50・6％、「精神障害者」で39・4％が向上していることを示している。3種の障がい者ともに4～5割が工賃の改善に結びついている。

**平均工賃は一般的な工賃よりやや高い**

農業活動における平均工賃は月1万5000円未満の事業所が68・8％を占め、平均は月1万4500円である。一般的なB型等の工賃は1万4200円程度（平成24年度厚生労働省）であることから、農業活動を行う事業所のほうがやや高い工賃を実現している。

## 就労訓練・地域交流への効果

農業活動による障がい者への効果についてみると、「就労訓練」が最も多く、次いで「地域住民と交流ができるようになった」、「コミュニケーション向上」、「自分に自信が持てるようになった」の順となっており、農業活動によって就労訓練とそれによる自尊心の向上、さらには人や地域とのコミュニケーション能力が高まっているとみられる（**図１－15**）。さらに事業所特性別に就労訓練と地域住民との交流についてみると、以下のことが明らかになっている（**図１－16**）。

一つには、主な生産する農産物における「畜産」は施設内での作業となるため、地域との交流は多くない。だが、一方で動物によるセラピー効果がみられ、就労訓練としての効果があると考えられる。

二つには、一般的に事業所の運営する飲食店は小規模なものが多いと考えられ、地域住民との交流はあまり多くはないとみられるが、就労訓練には効果があると考えられる。

三つには、収益（高付加価値農業）や環境問題や健康（減農薬有機農業）にかかる意識を持って取り組む事業所では、総じて就労訓練および地域住民との交流にも結びついている傾向がある。

## 農の福祉力の心身への効果

以上を整理すると、次のことが明らかになる。

農業活動に取り組んだことによる障害への効果についてみると、「身体障害」は13・4％、「知的障害」は26・2％、「精神障害」は26・0％と、実に知的および精神で約4分の1の職員が障害に対する改善効果を認めている。また、障害を含む心身の全体への効果についてみると、「身体の状況」は45・0％、「精神の状況」については57・3％と、多くの職員が効果を実感していることがわかる。

「精神障害」や「精神の状況」に効果がありそうなのは、ある程度予想されるが、「知的障害」が改善しているというのは大きな驚きだ。また、農業活動は一般的には肉体作業であることから身体障がい者には難しいと考えられるが、「身体障害」や「身体の状況」でもよくなっているとしており、農業活動に従事することで身体機能の回復につながっているということが示されている。

例えば、農業などの外での労働は、朝、陽が昇ると仕事をし、陽が沈むと終える。とくに不規則な生活習慣となりがちな精神障がい者にとっては、光や風に当たることによる疲労、仕事による疲労、動植物との触れ合いなどによって、生活リズムが整い生

図１－16　農業活動の効果

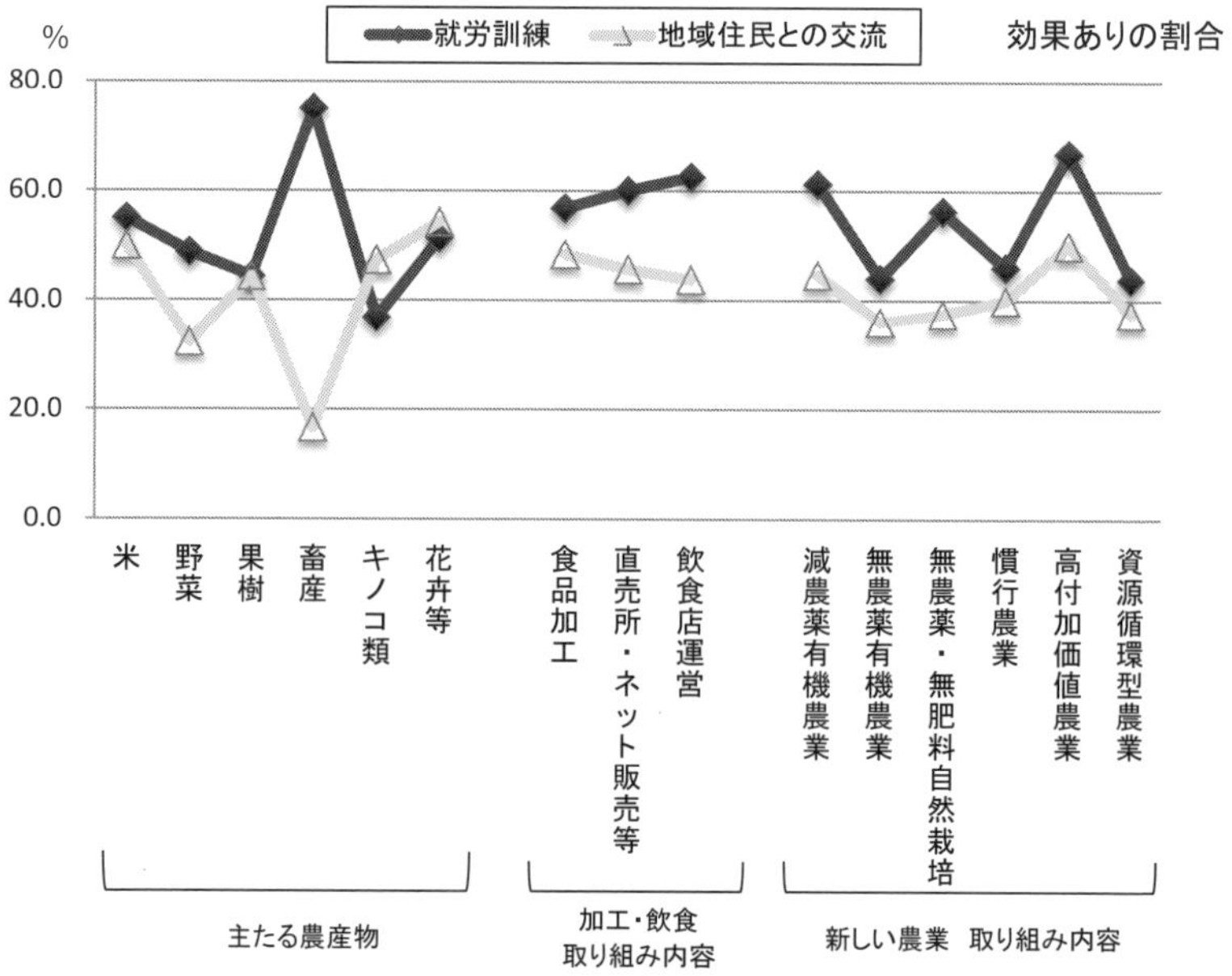


出典：NPO 法人日本セルプセンター『農と福祉の連携についての調査研究報告』（平成 26 年３月）

活習慣が改善される。その結果、服薬量も軽減し、精神障害が改善するのであろう。

また、農業の中には実にさまざまな作業がある。だから、さまざまな障害特性を持った者でも作業できるのであろう。身体障がい者や知的障がい者であっても、やりやすい作業を見出し、そこからさまざまな作業にチャレンジすることで、多面的な心身の機能を回復・発達させることができているのではないであろうか。

## 工賃を向上させ、地域での交流を促進

さらに農業活動の延長として、農産物の加工・飲食店・販売といったさまざまな作業を行う機会を提供することも可能である（それは後述する農福商工連携での作業である）。障がい者でも土や虫が嫌いな者もいるし、加工や接客が好きな者もいるのだ。そこで農業活動だけでなく商工を加えることで、より多くの障がい者の就労の機会、就労訓練の機会を創出できるようになる。

また、高齢化によって障がい者の身体機能が低下

し、今の作業が困難となり、他の作業への転換が必要となるケースもある。つまり、農の福祉力には心身の回復・発達を促す機会をつくるだけでなく、働くためのきっかけづくり、さまざまな障がい者に対するいろいろな仕事の機会を創出できる可能性がある。

加えて、障がい者は農業活動を通じて、仕事について学んだり、グループで取り組むことについて学んだり、動植物のいのちを守る責任を学ぶことで障がい者自身の自尊心（存在価値）を高めることにもつながっていると考えられる。

農業活動は、就労訓練および地域住民との交流にも有効であることが明らかとなっている。とくに農業活動は、事業所から地域へ出て行う場合、地域住民との交流が促進され、障がい者の地域移行、障がい者に対する理解が深まるといえよう。

また、農業活動は一般的な工賃以上の工賃を実現しており、農業活動だけでなく6次産業化に取り組むことで、さらに工賃も向上している。そして収益を目指す事業所ほど高い工賃を実現し、さらに心身機能の向上に結びついている。つまり、農業活動は障がい者にとって、心身、そして自意識へよい影響をおよぼし、工賃を向上させ、地域との交流を深め、就労訓練につながっているといえる。

農業活動には、太陽、土、風、植物、動物などによるさまざまなセラピー効果がある。これは農地だけでなく、森林や海などにおいても同様であろう。つまり、人間と自然の関係の上で成り立つ農業、林業・水産業にはセラピー効果があるといえよう。

# 農のもつ福祉力の可能性

## 農業の新たな機能の発揮

農の福祉力には、人間の心身へプラスの効果があることをみてきた。この効果をこれまでのように単に農業生産、つまりモノの提供だけに期待するのではなく、サービスの提供に結びつけることができれば、農業の活性化、新たな農業の機能の発揮につなげることができる。

農福連携の取り組みを単なる障がい者福祉としてはならないし、農業サイドによる社会的貢献や弱者の救済であってはならない。農業サイドはこの中に見出される「農」の新しい可能性を産業・事業として構築していくことが求められる。

農の福祉力を発揮した障がい者の農業分野での就労や就労訓練、農福連携の取り組みはその一つといえる。そうした新たな農の可能性について「農生《のうせい》業《ぎょう》」という(6)。この節では、その概念について簡単に説明する。

## 農業から「農生業」へ

「農生業」は①レクリエーション、②治療（ケア・リハビリテーションを含む）、③癒し、④健康づくり、⑤生き甲斐づくり、⑥文化形成、⑦教育、⑧観光、⑨環境保全、⑩食料安全保障、⑪これまでの食料生産（加工含む）、⑫これまでで食料販売（外食も含む）などを生み出す産業・事業に分けられる。つまり、農産物というモノ（⑪、⑫）を提供するものに加えて、機能というサービス（①〜⑩）を提供するものが「農生業」ということになる(7)（**図1－17**）。

現在、わが国では農業生産活動の中で発揮される⑨環境保全、⑩食料安全保障は農業生産者にとっては十分な対価を得るものにはなっていない。私たちは自衛隊や警察や消防などには国家や国民の「安全・安心」というサービスを生み出すために費用（歳出）を支出しているのであるから、本来、⑨や⑩もサービスを実現するためには相応の費用を支払わなければならないといえるだろう。

したがって、①〜⑩のサービス、⑪と⑫のモノを提供し、その対価を得るという農業がこれからの「農業」＝「農生業」となる。

そのためには、⑨や⑩は国民の「生活保障」事業の一つとして国家の戦略として保障する食料の生産・管理体制を整備、①〜⑧については農業生産者に加え、企業も含めたさまざまな人や組織が農から

**図1－17　「農生業」としての展開**

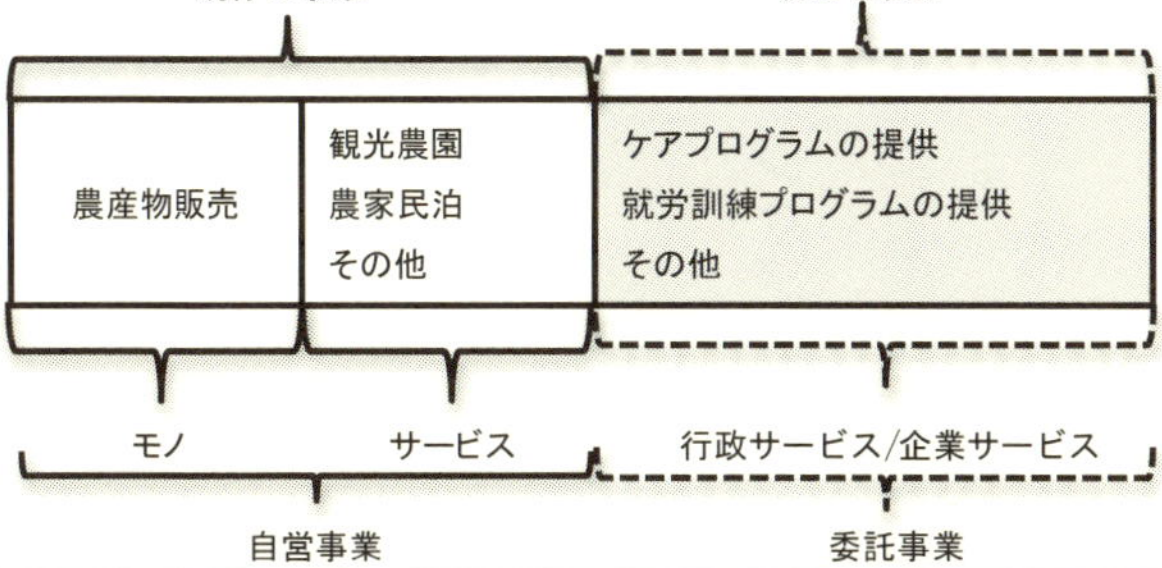


| 補助機関 | 委託機関 |
|---|---|
| 農林水産省　経済産業省　その他 | 農林水産省　経済産業省　厚生労働省<br>文部科学省　法務省　地方自治体<br>企業　その他 |
| 主な目的 | |
| 農産物生産 | レクリエーション/治療<br>癒し/就労訓練/教育/その他 |

資料：著者作成

生み出す新しい価値、モノだけではないサービスを提供していく産業構造を構築していくことが望まれる。ここに都市農業の新たな機能発揮の可能性も見いだすことができる。

この中に「農の福祉力」を発揮して実現することができる治療（ケア・リハビリテーションを含む）、障がい者就労訓練などがある。

したがって、これからの「農」は、単にモノを「つくる」という行為だけでなく、「つくる・ふれる・つかう」という行為、それはいろいろなA(agriculture)という行為となる。匂いをかぐ、食べる、見る、感じるなどさまざまである。そしてこうした「農」を通じて、①～⑫などの目的を達成するのである。

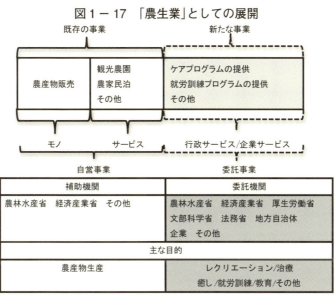

また、農の場も、その生産方法も、農山漁村や農地や土耕での生産にとどまらない。都市地域における家庭菜園、市民農園、体験農園、園芸、緑化、アロマなど、さらには工場や家庭での水耕栽培もその一つとなる。

したがって、「農」の特徴は「いつでも（When）、どこでも（Where）、誰でも（Who）」、略して3Wということとなる。また〈つくる（Produce）・つかう（Use）・ふれる（Touch）〉のそれぞれ単体、あるいは結合および一体化したもの（PUT）になる。

Aは第一次生産の農林水産業にとどまらない、モノ生産・販売だけでない産業としての生活にかかるサービスを含んだ「農的産業（①～⑧と⑪と⑫）」「農的事業（⑨と⑩）」であり、モノづくりとそれに付帯したサービスを提供するものである。それが新しい「農業」、「農生業」である。

## グリーンケアとしての「農生業」

これまでの農業はモノを生産し販売することによって対価を得てきたが、さらにここにサービスを提供することによってその対価（報酬）を得るのが「農生業」である。スウェーデンにおいて、すでにグリーンケアとして取り組まれている。

これは障がい者や受刑者などの「キョードー（kyodo）する人々」に対して、農場がケア・リハビリテーションや就労訓練プログラムを提供するというものだ。現在、全国に300か所ほどある。

日本でいえば、例えば農家が障がい者のケア・リハビリテーションや就労訓練プログラムを市などの基礎自治体に販売し、その対価を得るというものである。スウェーデンでは、市が農家とともにケアや就労訓練プログラムを開発し、そのプログラムを実施する農家に対して、施設や土地、資材、光熱費などの利用料金や人件費を支払う。

### フーグヴィ農場

スウェーデンの首都ストックホルム市から車で2時間半ほど南下した農村地域のモタラ市のフーグヴィ農場が、観光農園やレストラン、宿泊施設を経営するほか、障がい者のケアに熱心に取り組んでいる[7]。これは農場が市とともにケアプログラムを開発し、ケアプログラムを市へ販売する形態となっている。

つまり農家は通常のモノの提供（農産物販売）＋サービスの提供（ケアプログラム販売、宿泊サービス提供等）によって、収入を得て生活しているので

フーグヴィ農場の学びの場（スウェーデン）

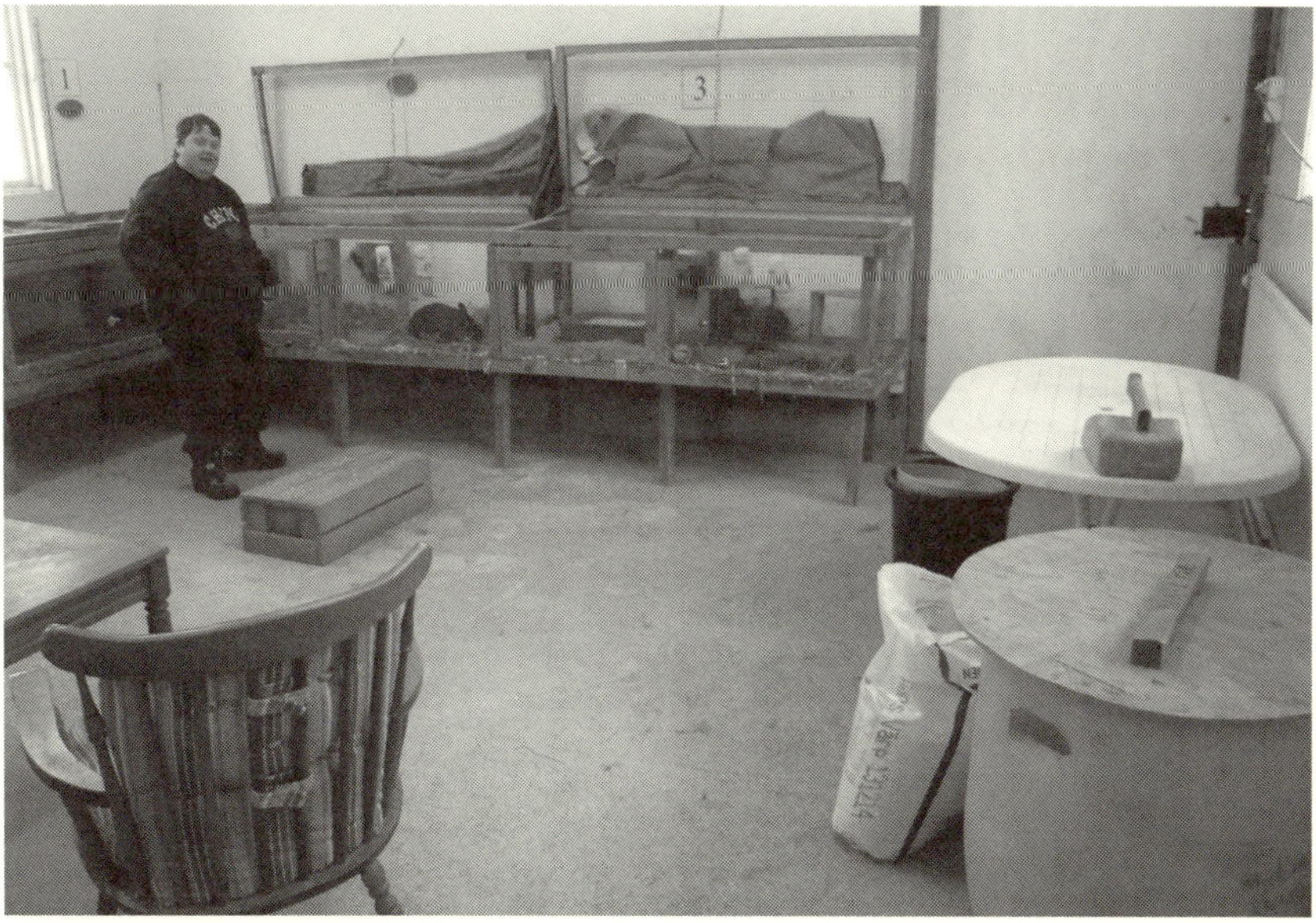

知的障がい者によるウサギの飼育

バスタ農場（スウェーデン）

ある。

**バスタ農場**

また、障がい者ではなく、受刑者や出所受刑者へのサービス提供というものもある。

ストックホルムから車で40分ほど南下した農村地域にバスタ農場（以下、農場）がある。農場は非営利団体（Ideell öreninig）の中の仕事協同組合（Arbetskooperativ）で、１９９４年に地元議員と出所受刑者によって設立された。１００人ほどの出所受刑者と受刑者が自然環境の中で生活し、農的な活動を通じて、リハビリテーションと就労訓練、就労に取り組んでいる。

ここでは動物飼育（上流階級は馬の所有を好む）や家具製造、家の増改築、公園・学校などの清掃、そして受刑者の薬物からのリハビリテーションにかかる事業、犬の保育園事業（飼い主が昼間に家にいないとき、世話を頼む習慣がある）などをしている。

このほか農場内の環境美化、自給野菜生産など、自然の中で動物や植物の世話を通して、いのちの大

犬の世話

切さや集団で働くことの大切さを学ぶ。とくに犬の保育園事業は、セラピー効果が高い。

主な特徴は、①農場がリハビリテーションプログラムを行政に販売している、②動植物を通じたセラピー・就労訓練の実施、③１００人のうち97人が出所受刑者で、刑を受けたことのない者３人は一般事務職員。経営やマネジメントすべてを出所受刑者が担う、④非営利団体の下に三つの子会社、二つの孫会社を抱え、就労の場を提供している――があげられる。

## わが国での取り組みへの期待

今後、わが国にもこうしたモデルをつくることが期待されている。日本では、農家やＪＡが直接、受刑者や出所受刑者を受け入れることはまだまだ難しい。だが、障害者福祉事業所がそれまで培ってきたノウハウを生かし、訓練や定着できるように支援すれば、受け入れも可能だろう。

受刑者は人間が成長し生きていく過程で、社会的環境によって後天的に生み出された者であり、ある面では障がい者よりも教育による社会復帰の可能性が高い側面がある。

受刑者に対するリハビリテーションや社会復帰訓練で、農的なプログラムを開発し、実施するということに大きなニーズがある。それは農業サイドにとっても新たな農の価値を発揮し、収入の機会となる可能性がある。

つまり、障がい者や受刑者・出所受刑者へのケア・リハビリテーションおよび就労訓練の提供ができるのであれば、農が新たな価値を発揮し、収入の機会を創出することにもなるのだ。

## 新たな事業の実施主体へ

わが国の農業はこれまで、農産物を生産し、販売することで収入を得る、つまりモノを提供する産業を中心に展開してきた。しかし、今後は「農」の多面的機能にかかるサービスを提供することで対価を得ることを検討してはどうであろうか。

すでに観光農園や農家民泊、あるいは市民農園や体験農園などがそうしたサービス業として取り組まれ、中山間地域等直接支払制度の交付金による多面的機能保全などのサービスが集落などを通じて提供されている。これらは、農家や農業法人が自営事業として実施しているものである。

これからは農業生産者が公的なサービスを実施する受託者となれば、つまり現在の社会福祉法人やNPO法人などが取り組む障害福祉サービス事業や介護保険事業などの実施主体となったり、一部事業を事業所から受託すれば、農林水産省以外に厚生労働省、さらには文部科学省・法務省・経済産業省などからも報酬や収入を受けることもできるのではないだろうか。

障がい者や要介護認定者への就労訓練の機会の提供、要介護認定者へのレクリエーションや治療（ケア・リハビリテーションを含む）の機会の提供、触法障がい者の社会復帰訓練の機会提供、企業内の社員へのメンタルケア強化プログラムの提供、生活困窮者・生活保護受給者・引きこもり等の社会復帰訓練の機会提供、食育の機会提供などといったサービス業に取り組むのである。

つまり、①治療（ケア・リハビリテーションを含む）、②レクリエーション、③癒し、④就労訓練、⑤教育を目的としたサービス業を提供するのである。また⑥芸術や⑦スポーツなどを提供するのもよい。

こうすることで、さまざまな行政からの受託、さらには企業からの受託事業を行うことができる。そのためには、公的サービス等の実施主体は法人だけでなく、サービスを提供する個人（例えば介護する家族を含む）に対して報酬を支払えるようにすることが期待される。

これは農家等にとっては、多様な収入の機会を創出することにつながる。そしてこれらの取り組みは各省庁にとっても、既存の農家等の施設・機械を活用すればそれまでかかっていた施設や機械などのコストを低減させることができる。その中で、それぞれの目的を達成することにもつなげていくことができるのではないであろうか。

## 農福連携によるステップアップ

### 農福連携の目的と態様

ここからは、「農生業」の中で、これからより一層期待され、近年、急速に広がりをみせる農福連携に焦点を絞り、みていこう。

実は、これまでも農業と福祉はさまざまな形で連携をしてきている。その目的別に大きく分けると五つある。

①**心身の治療**：病気を患う者・要介護認定者・障がい者等を対象に、農作業を通じて治療（ケア・リハビリテーションを含む）に取り組むもの（「園芸療法」など）。

②**レクリエーション**：障がい者や要介護認定者等を対象に、収穫・草取りなどの農作業体験をレクリエーションとして取り組むもの（「園芸福祉」など）。

③**社会貢献**：農家等が生産した農産物を社会貢献として障害者福祉事業所や介護保険事業所などに寄付をするもの。

④**食料自給**：障害者福祉事業所や介護保険事業所が、給食の食材を自給生産するもの。

⑤**教育**：特別支援学校や障害者福祉事業所等が、障がい者等の教育や就労訓練のために農作業を行うもの。

したがって、目的は治療（ケア・リハビリテーシヨンを含む）、レクリーション、社会貢献、食料自給、教育が主となっている。対象者については患者、要介護認定者、障がい者などで、農作業の実施主体は障害者福祉事業所、介護保険事業所、病院、学校、農家等となっている。

ここに⑥として、近年、大きく動き出してきているのが、障がい者の農業分野における就労・就労訓練の取り組みである。これがいわゆる近年の「農福連携」である。

その主な目的は、農業サイドにとっては農地管理や農作業の担い手確保、福祉サイドにとっては障がい者の就労・就労訓練機会の確保および工賃向上となっている。内容は、障がい者が農作業に従事して収入を得るというものである。

そして⑦として、農家等が障害福祉サービス事業などのサービスを提供することを提案したい。加えて前述（15頁）した⑧「農村移住や就農を希望する者に対して、農業所得だけでは生活が難しいと考えられることから、障害者福祉事業所等において就職し、兼業しながら自らが農業を行うというスタイル」（「新しい兼業」）……都市から農村へ移住し兼業する）が考えられる。⑨あるいは都市から農業を目的として移住した者が事業所に勤め、そこで農業事業を行うということも考えられる。

## 農福連携が生み出すもの

農福連携は、就労・就労訓練する場がまだまだ不足し、より高い賃金の実現が求められている障がい者（福祉サイド）にとって、一方で高齢化などにより担い手不足にある農業サイドにとって、「農福連携」は双方にとって大きなメリットとなる。

こうした中、障がい者の農業分野での就労・就労訓練による連携が全国で広まりをみせている。

これまで障がい者は工場等の下請け作業を主として請け負ってきたが、工場がより安価な労働を求め海外などへ出て行くなど、働く場を失いつつある。

しかし、農業は工業やサービス業と異なり地域から外へ出て行くことは難しい産業である。そして農業生産だけでなく、加工・飲食事業・販売をすることができれば、より多くの売り上げをあげること、

セルポットに種をまき、水耕栽培用の苗をつくる（埼玉県熊谷市・埼玉福興）

多様な働く機会を生み出すことができる。

農業は地域に根ざした産業であり、それは地域を支える産業であり、わが国の食料や環境を支えるとても大切な産業である。それを障がい者も一緒になって支える役割を持つこととなる。ここでは障がい者は、障害福祉サービスを単に受ける存在ではなく、地域課題を解決する、そしてわが国の食料自給および環境を支える存在となる。結果として、新しい働く場、新しい収入を得る場となる。

一方、農業サイドにとっては、これまでの農業生産を維持すること、場合によって規模を拡大したり、より多くの収入を得ることも可能となる。

就労・就労訓練を通じた障がい者と農業の結びつきはまだ緒についたばかりであるが、さまざまな就労・就労訓練モデルが試行され、点が増え、点から線になるべく展開してきている。

福祉分野において農を活かす取り組みとしては、農の福祉力を活かした園芸療法や園芸福祉などによる治療、就労、そして就労訓練などにかかる取り組みが可能である。

農業分野において福祉を活かす取り組みとしては、農業の新たな担い手創出、農地管理の担い手創出、地域の定住人口や交流人口の創出などにかかる取り組みが可能となる。

また、福祉と農業の連携は過疎化・高齢化する地域においても、地域の担い手創出、地域活性化に結びついていくであろう。

ここに農業と福祉の新たな連携、農福連携の可能性がみえてきている。

## 農福連携の広がりと位置づけ

次に農福連携という言葉がいつ頃から用いられてきたのか整理すると、以下のようになる。

平成22年に「鳥取発!農福連携モデル事業」が、県の事業としてスタートしている。これは事業所が農家などから作業を請け負う(作業受託する)ため の農業と福祉の連携モデル事業である。平成22年頃には農林水産省農林水産政策研究所において「農村活性化プロジェクト研究/農福連携研究チーム」という名称のチームが発足している。平成23年、岡山県玉野市で「農福連携と地域間交流による地域活性化の可能性」というテーマで研修会が開催されている。

出版物では、平成24年『週刊農林』の特集「農業戦力を考える~障害者農業の可能性~」(石田憲治などによる)において、農福連携という言葉が用いられている。同年12月には鳥取県が前記事業の中で『鳥取発!農福連携モデル事業事例集(初版)』を発行している。書籍では、平成25年に近藤龍良編著の『農福連携による障がい者就農』(創森社)が発行されている。

新聞記事では、平成22年1月に地方紙の日本海新聞が「障害者就労支援で鳥取県〝農福連携〟の仕組みつくれ　モデル事業へPT発足」を掲載、専門紙では同年2月に日本農業新聞が「鳥取県が新事業　農福連携　障害者就農　後押し　作業体系整え　担い手も視野」を掲載し、いずれも鳥取県の取り組みを紹介している。

なお、農林水産政策研究所ではホームページ(8)(平成28年9月現在)において「〈農福連携〉という言葉を、農業者やJA等の農業サイドと社会福祉法人やNPO法人等の福祉サイドが連携をすることで、農業分野で障害者等の働く場所づくり、あるいは居場所づくりを実現しようとする取り組みの総称」としている。

また、近藤の前掲書では「〈農福連携〉は、農林水産政策研究所や鳥取県などが実勢調査やモデル事業推進のさいに表記しているもの」と解説している。いずれも農業分野における障がい者の就労を指している。石田は「〈農福連携〉という用語が少しずつ市民権を得てきたと感じられる。……双方の情報を互いに共有し、農業に就労の場を求める障がい者と担い手不足の解消を望む農家や農業法人をマッチングすることから始まった〈農業分野における就労支援の取り組み〉は、〈出会う〉ステージから障がい者を含む多様な担い手が〈農を支える〉ステージへと少しずつ進化している」(9)としており、これも就労を指している。

近年、農福連携という言葉は、徐々にではあるが露出が増える傾向にある(10)。今後さらなる広がりが期待される。

ここで、本書における農福連携について定義しておく。

狭義ではこれまでの定義や位置づけと同様「障がい者の農業分野における就労（就労訓練を含む）」であり、より広義の意味としては「キョードーする人々の農福商工、農福＋α《アルファ》における就労（就労訓練を含む）」とする。農福商工、農福＋αの意味については、106頁以降に詳述する。

〈注釈〉

（1）　園芸や植物には七つの効用（生産的、経済的、心理的〈精神的〉、環境的、社会的、教育的、身体的）があるとし、その中で心理的効用・社会的効用・身体的効用がこれに該当する。また園芸は、一つには心身に何らかの不都合を有する自分で自由に園芸ができない者を対象としたケアを目的に行う「園芸療法」、二つにはすべての市民を対象とした余暇活動、健康法、交流、地域づくり、生き甲斐、人間的成長を目的に行う「園芸福祉」に分かれるとしている。

（2）　農の福祉力には農業や農村の有する「治癒力」が根底にあり、「治療力」と「癒し力」を合成したものであるという。前者は治療者が患者等に施す一方通行の関係となる「客観的な生物学過程」「疾病」であり、後者は治療者と患者等が双方向の関係となる「主観的な心理、社会過程」「病い」「患い」であるとしている。農の福祉力は主として「癒しの力」によるものであり、狭義の福祉の範疇では障がい者の社会復帰訓練などがこれに当たるが、さらに高齢者の生き甲斐づくりなどの健康増進力という側面もあるとしている。加えて、地域の課題解決力としての側面もあり、入口は「癒し力」にかかる特定の対象者を限定した活動であっても、それに関わる主体や組織そのものの活動領域の拡大や地域の課題解決力の醸成にまでつながるとしている。

（3） 福祉力について、「力」には顕在化しているものだけでなく、潜在的なもの、過去の蓄積も含まれるとしている。福祉力という言葉には、人々が個人的にまたはほかの人々や集団と力を合わせて「よくあること」を作り上げていく過程や能力（潜在力を含む）が含まれ、それを「主体的福祉力」と位置づけている。また、農の営みの中には福祉の力を引き出す力が備わっていることから、これを「農的福祉力」としている。それは保養力、健康増進力、治癒力などの「癒しの機能」を農が引き出すということである。そして今後は、医療ツーリズムやグリーンツーリズムなどにかかる労働にも結びつくのではないか、そして園芸療法を超え、「農村療法」にもつながるのではないかとしている。

（4） 本調査は特定非営利活動法人日本セルプセンターが実施した農林水産省「平成25年度都市農村共生・対流総合対策交付金の共生・対流促進計画」事業にかかる調査研究のデータを基に集計・分析したものである。

（5） 作業による認知症に関する効果測定研究などはあるが、医的な効果測定による研究は多くなく、今後の実証研究が求められる。

（6） 濱田健司「農業と福祉から見える〈農生〉の思想と新たな取り組みへ」『農村と都市をむすぶ』（平成24年6月号No.728）より引用、加筆修正。

（7） 詳細は濱田健司「スウェーデンにおける農を活用したグリーンケア」『共済総合研究』Vol・68（平成26年3月）を参照。

（8） http://www.maff.go.jp/primaff/kw/2015_nofuku.html

（9） 石田憲治・片山千栄・落合基継「農業分野における障がい者就労推進の経過と職域拡大方策」『第19回職業リハビリテーション研究発表会論文集』平成23年12月

（10） 一般社団法人日本基金が農福連携という言葉を広めるべく、「ノウフク」というホームページを立ち上げ、意識啓発を図っている。
http://noufuku.jp/

# 第２章

# 農福連携によって福祉力を高める

障がい者によるジャガイモ畑での収穫

# 農業の従事者・生産額の推移

わが国の農業の現状は、経営面そして担い手面において極めて厳しい状況にある。

経営面でみると、販売価格の低迷と円安等によるコストの上昇がある。担い手面についてみると、後継者不足および高齢化によって担い手不足となっている。

ここでは、こうした農業の現状について概観していく。

## 農業に携わる人々

わが国では、農業に従事する者は減少を続け、高齢化も進み、深刻な担い手不足の状況にある。

総農家数の推移をみると、昭和30年頃より減少を続けている。昭和35年には農家数は606万戸あったが平成27年には215万戸と3分の1になっている。この減少傾向は今も続いている。

農業に携わった者についてみていくと（**図２－１**）、15歳以上の世帯員で年間1日以上自営農業に従事した者（農業従事者）は昭和35年1766万人であったが、平成27年には339万人と80・8％も減少している。自営農業のみに従事した者、または自営農業以外の仕事に従事していても年間労働日数でみて自営農業が多い者（農業就業人口）は、昭和35年1454万人であったが平成27年には210万人と85・6％減少している。また、農業就業人口のうち、ふだんの主な状態が「主に仕事（農業）」である者（基幹的農業従事者）は、昭和35年1175万人であったが、平成27年には177万人と84・9％も減少している。

農業従事者の中で自営農業への従事日数が150日以上の者の割合をみると、平成27年は36・6％と積極的に農業に従事する者は多くない。

次に農業就業人口の中での60歳以上の高齢者の占

図2－1　農業に携わる者の推移

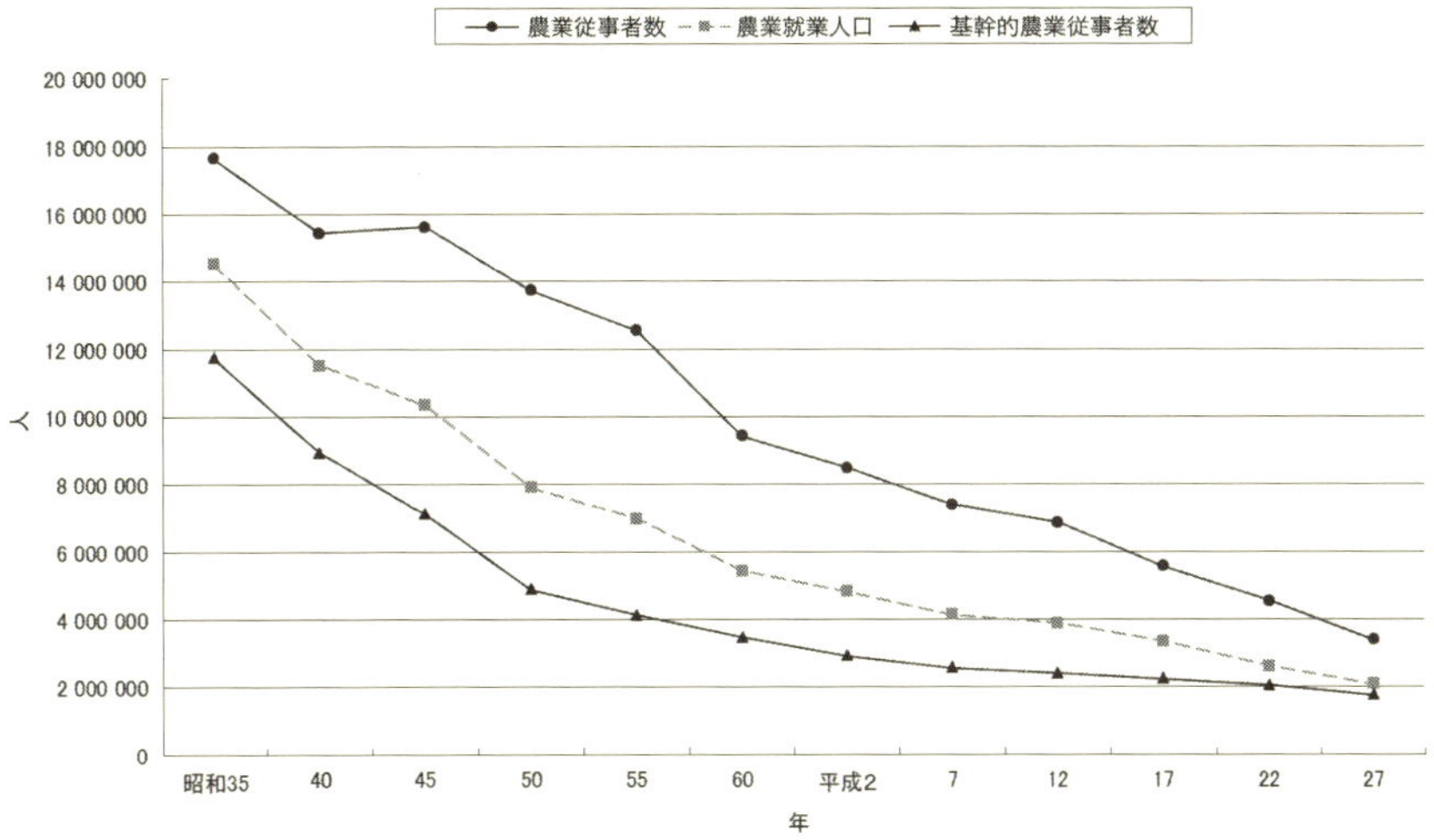


資料：農林水産省「農林業センサス」「世界農林業センサス」

める割合についてみると、昭和35年には40・5％であったが、平成27年には76・8％にまで増加している。これは若者が減少する一方で、高齢者が増加していることによる。

農業就業人口を年齢構成別でみると、75歳以上が主な担い手となっていることがわかる（**図2－2**）。

さらに年齢別の農業就業人口の推移をみていくと、65歳以上の高齢者が増加し続けているものの10歳代および20歳代の若者は減少し続けている。つまり若者の就農者もいるが、高齢化していく数のほうが多くなっている。

もしあと数年のうちに75歳以上がリタイアし、10年のうちに60歳代がリタイアしていくと、農業を支える者が急速にいなくなっていくことになる。

仮に、平成27年の75歳以上の者が全員リタイアすると、66万人が減少する。そして新規に就農する者が6万人とすれば（近年の新規就農者数[1]についてみると、平成24年5万6０００人、平成25年5万１０００人、平成26年5万8０００人で3年平均では5万5０００人しか就農していないが、こちらも近年

図２－２　年齢構成別農業就業人口（平成 27 年）

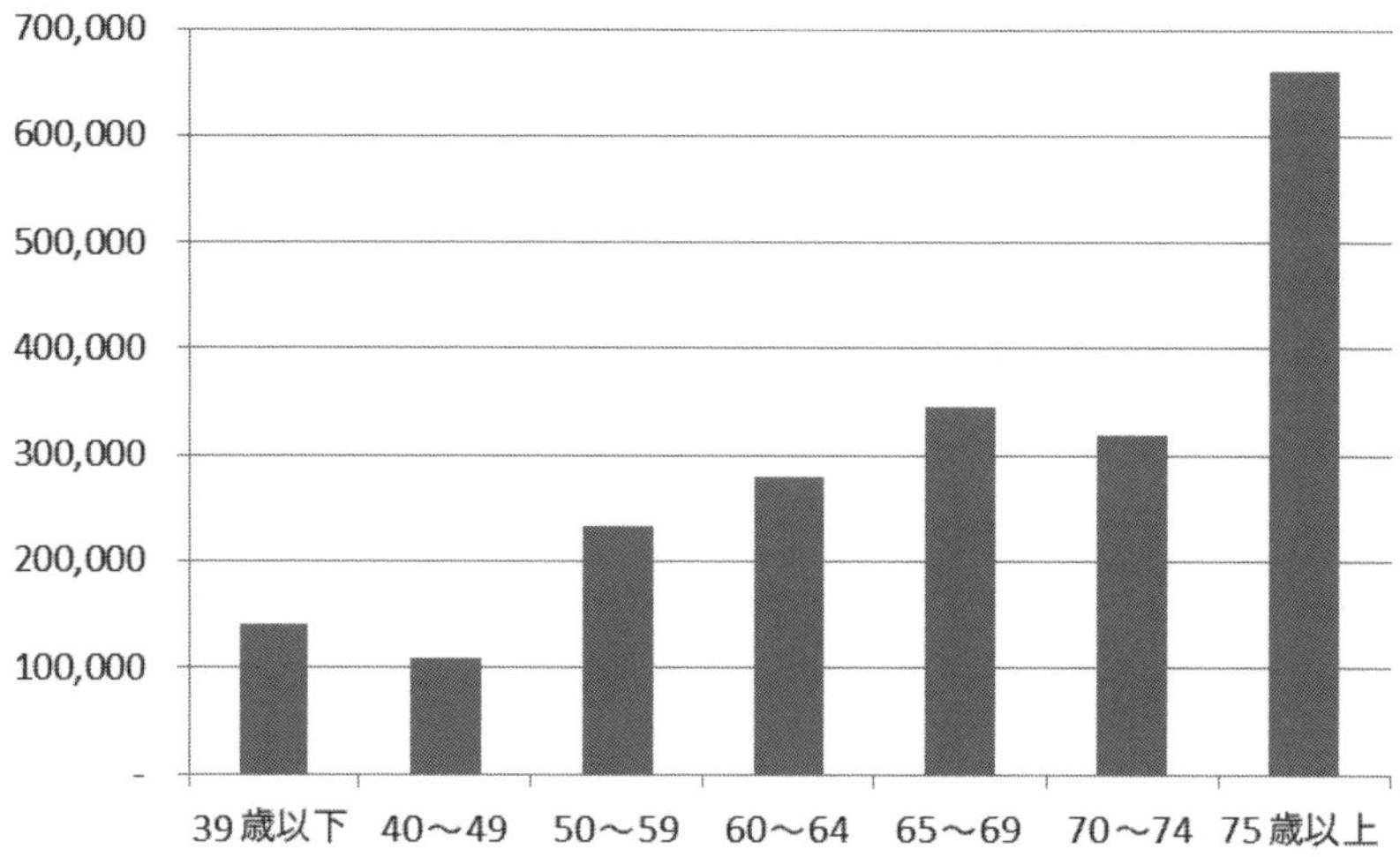


資料：農林水産省「農林業センサス」

増えていないため）、減少は60万人に達する。平成27年の農業就業人口は２１０万人であるから、それを差し引くと、１５０万人しかいなくなる。

基幹的農業従事者にいたっては平成27年に１７７万人であったが、60万人×０・８４３（＝１７７万人／２１０万人）＝51万人が減少すると、１２６万人（仮に単に60万人が減少するなら１１７万人）へ減少することになる。(2) これは危機的な状況といえよう。

## 農業生産額の推移

次にわが国の農業生産額についてみていく。

名目生産額は昭和60年頃まで急速に上昇し、実質生産額も上昇傾向にあったが、その頃をピークに名目も実質も減少傾向にある。近年では生産額が10兆円を割り込む状況になっている（名目は物価変動を考慮しない生産額であるが、実質は物価変動を考慮したものである。**図２－３**）。

生産額でみた農業も厳しい状況に置かれており、その中で、自給率を向上させ、担い手を確保してい

図2－3　農業生産額の推移

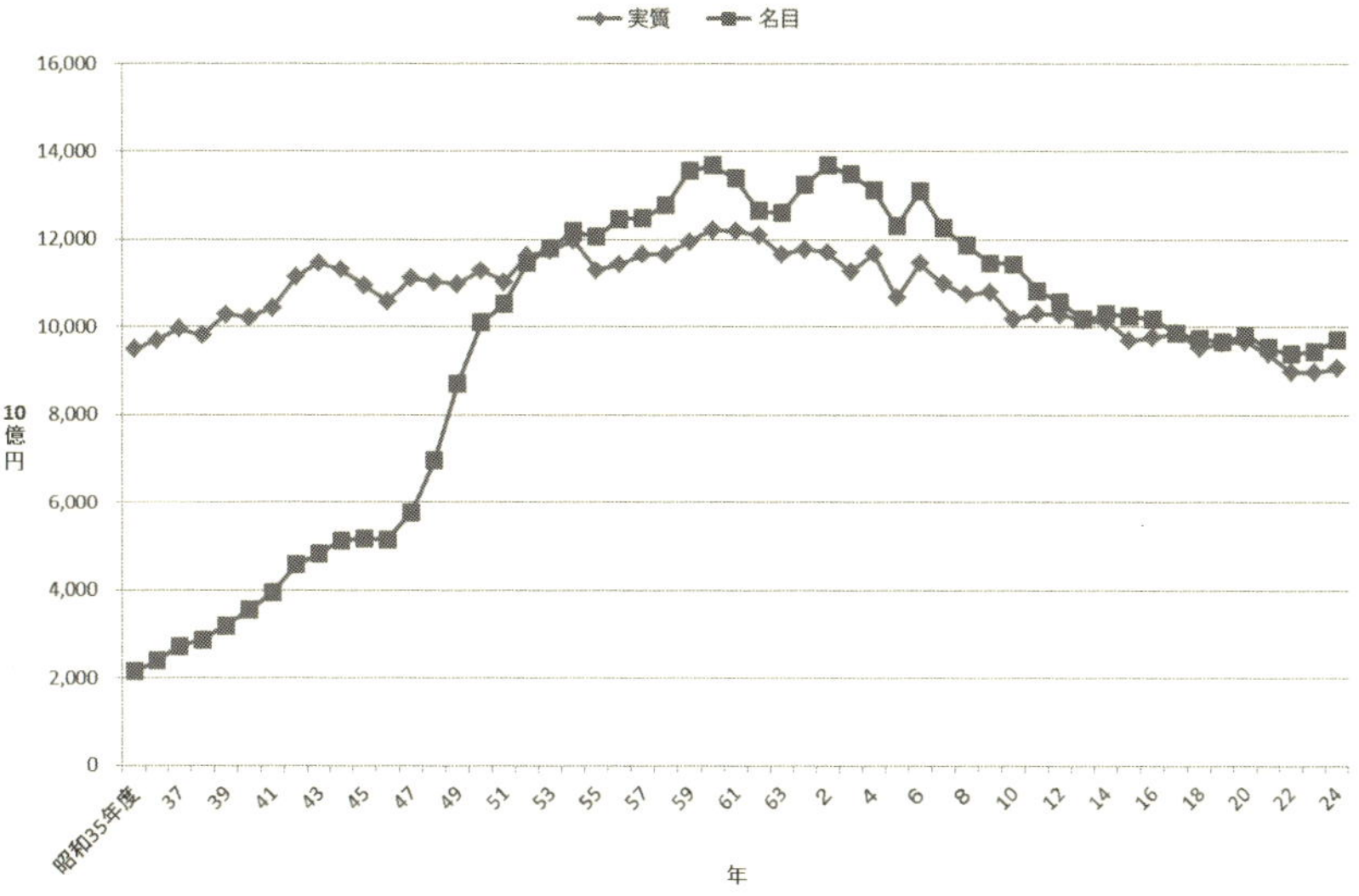


資料：農林水産省「農業・食料関連産業の経済計算」

くことは難しい状況にあるといえよう。

## 国民経済にみる農林水産業

農林水産業および全産業の総生産額について、ひとまず昭和55年と平成17年とで比較する（平成12年基準・平成21年度国民経済計算・経済活動別国内総生産・実質〈固定基準年方式〉）。農林水産業では0・92倍へ下がっているのに対し、産業全体では1・78倍へ伸びている。就業人口では農林水産業は0・44倍、産業全体では1・09倍となっており、農林水産業での減少が大きくなっている。労働時間では農林水産業では0・89倍、産業全体では0・85倍になっており、ともに減少している。一見すると農林水産業では労働生産性が向上しているようにみえる。

そこで労働生産性（＝総生産額／就業者数／労働時間）についてみると、農林水産業では2・34倍、産業全体では1・92倍へ高まっている。

確かに、全産業に比べ農林水産業のほうが向上している。これは農林水産業では分母の就業者数が大きく減少したことによるものである。しかし一方で、農業にかかるさまざまな技術の向上により農業分野においても格段に生産性を向上させたことで、労働生産性は全産業に比べ向上しており、農業は効率性への努力をしていないというイメージは当たっていないことがわかる。

だが平成17年の労働生産性そのものについて農林水産業と産業全体で比較すると、農林水産業は0・0148、産業全体は0・0463となっており、3倍以上産業全体のほうが大きい。つまり、同じ時間、農林水産業で働いても産業全体の3分の1以下の生産額しか得ることができないということである。ここに農林水産業に携わる者の所得が低くならざるを得ない状況がうかがわれる。

## 明日の農業を確立するために

農業は肉体労働であり、他産業に比べ作業中の事故は多く、厳しい労働といえる。さらに、収入も決して多いとはいえない。このような産業に、農家世帯の後継者は育つであろうか。新しく他から就農することは可能であろうか。

近年、担い手の確保が難しいため、外国人の研修生や労働者を招き入れている。

しかし、長期的にみていくと日本の農業を継続的に支えようとする農業に携わる者は減ってきているのである。こうした状況下で、わが国の農業は持続的な生産、そして自給率の向上を目指している。だが、これまでみてきたように、それを実現することはとても困難な状況にあるといえよう。

こうした中で、これからは「農業が好き」「農業で働きたい」という真剣な担い手が出てこなければならない。それは単に今までの家業を継ぐということではない。「農業で働きたい」者に農業を継承していくことが重要になる。同時に、農業生産に従事することで家族とともに安定した生活ができるようにしていくことが求められる。そのためには、国内農業・国産食料についての国民理解の促進、農業に従事する者の家族を養うことが可能となる所得を確保できる政策を実施していくことが重要となる。

# 障がい者福祉の現状

次に障がい者福祉のわが国における現状についてみていく。

まず福祉、および農福連携における福の意味について整理する。そして次に障がい者、および「障がい者」という概念について整理し、障がい者にかかる福祉、とくに就労に着目し、障がい者就労（就労訓練を含む）の現状について概観する。

## 福祉の語源と意味

### 福祉の語源

白川静氏によれば（『常用字解』平凡社）、福という文字の左側は神様に捧げものをする机（祭卓）、右側は酒樽のように腹がふくらんだ器の形をあらわしているという。つまり、神様に酒樽を供えて祭り、幸いを求めることを福という。祉という文字は「祉は福なり」とされており、合わせて福祉といい、したがって、福祉とは神より与えられるものという意味となる。

### 福祉の意味

だが実際に用いられる福祉という言葉の意味は多様である。制度や学問においては、「社会福祉」という言葉が福祉として代替されることが多い。そこでここでは社会福祉の意味についてみていく。

欧米では社会福祉の対象は全国民で、国民生活に関連するすべての社会的サービス（労働、教育、医療、住宅など）を示す。また、その生活に関連するサービスを国民が利用し、生活にかかる自分の問題を自主的に解決することを援助するものである。

わが国では、「第25条　すべて国民は、健康で文化的な最低限度の生活を営む権利を有する。国は、すべての生活部面について、社会福祉、社会保障及び公衆衛生の向上及び増進に努めなければならない」と日本国憲法に明記されている。

社会福祉にかかるこの憲法解釈は大きく二つに分かれている。社会福祉という概念は、一つは国民の生活を豊かにするもの、もう一つは国民の幸福な状態をもたらすための制度、政策、実践であるとするもの。前者は広義のこれから目指す目標や理想を追求するものであり、後者は社会制度ということになる。

わが国には社会福祉法が整備されている。その目的は、「社会福祉を目的とする事業の全分野における共通的基本事項を定め、社会福祉を目的とする他の法律と相まつて、福祉サービスの利用者の利益の保護及び地域における社会福祉（以下「地域福祉」という。）の推進を図るとともに、社会福祉事業の公明かつ適正な実施の確保及び社会福祉を目的とする事業の健全な発達を図り、もつて社会福祉の増進に資すること」としている。つまり障がい者、障がい児、要介護認定者、生活保護受給者、弱い立場にある子どもや女性などを保護し、これらの人々の社会福祉の増進を図るというものである。

したがって、国民の生活を支援し豊かにする、そして特定の対象者への社会的サービスを行うものといえる。

## 農福連携における福の意味

本書における福（＝福祉）の意味は、狭義の意味と広義の意味に分けることとする。

狭義の意味としては、対象は障がい者であり、障がい者の就労（就労訓練を含む）にかかるサービスや取り組みを示す。

広義の意味では、障がい者だけでなく高齢者、生活困窮者、生活保護受給者などを対象（「キョードーする人々」）とし、その人々の役割づくりや自立への支援を指す。つまり、個人では生きづらさを抱え、自立した生活を営むことが難しい人々を対象に、自立への労働を含めた役割づくりにかかる支援を行う取り組みである。この取り組みは対象者への一方的な支援だけでなく、対象者自身による主体的な取り組みがあり、さらにそれを支援するというものでなければならない。

以下では、狭義の意味における福祉の現状、つまり障がい者に注目し、就労（就労訓練を含む）の現状についてみていくこととする。

## 障害種別の障がい者

わが国では一般に障がい者というのは身体障がい者、知的障がい者、精神障がい者に分けられ、それぞれの障害ごとに行政より認定を受けて障害者手帳を持つ者、疾患を有する者を指す。

### 身体障がい者

身体障がい者は「身体障害者福祉法」によれば、①視覚、②聴覚または平衡機能、③音声、言語、そしゃく機能に障害のある者、④肢体不自由、⑤心臓、じん臓または呼吸器の機能の障害が永続かつ日常生活に著しい制限を受ける程度であると認められる状態で、手帳を有する者である。

### 知的障がい者

知的障がい者については「知的障害者福祉法」が整備されているが、その中での明確な定義はない。だが、知能・日常生活能力等にかかる評価を受け、手帳を有する者である。

なお、『平成17年度知的障害児（者）基礎調査』では、「知的機能の障害が発達期（おおむね18歳まで）にあらわれ、日常生活に支障が生じているため、何らかの特別の援助を必要とする状態にあるもの」と定義している。

### 精神障がい者

精神障がい者は「精神保健及び精神障害者福祉に関する法律」において、統合失調症、精神作用物質による急性中毒またはその依存症、知的障害、精神病質その他の精神疾患を有する者をいう。

## 障がい者数の実態

### 障害者手帳および疾患を有する障がい者

これらの障がい者数をみると（厚生労働省「平成27年版障害者白書」）、身体障がい者は393万7000人、知的障がい者は74万1000人、精神障がい者は320万1000人（厚生労働省「患者調査」のデータで必ずしも障害者手帳を有しないが、精神疾患を有する者）で、合計すると約788万人が障がい者となっている。これは平成27年12月現在の総人口1億2688万人の6・2%になる。

以下では、障害者手帳および疾患を有する障がい者以外の自立支援を必要とする広義の福祉の対象となる「障がい者」についてみていく。

**65歳以上の「障がい者」**

65歳以上で障害を持つ者は、障害福祉サービスではなく介護保険サービスを受給する者が多い。

つまり、認知症による認知機能の低下、パーキンソン病や脳梗塞による肢体不自由、加齢にともなう視聴覚機能の低下などによって、心身に障害を持ち、介護保険制度における要介護認定を受けた65歳以上(一部に40~64歳も含まれる)の「障がい者」がいるのである。

これらの「障がい者」、つまり要介護認定者は平成27年12月現在619万人に達する。これは総人口に占める4・9%に達し、今後もその割合は高まることとなる。

なお、前述の788万人の中で65歳以上の障がい者としてカウントされる者もおり、65歳の前より障がい者であった者が継続して障害福祉サービスを受給している者、さらに介護保険サービスだけでは十分に生活できるサービスを受けることができないため、障害福祉サービスを受給する者などがいる。

**人口の1割以上が「障がい者」**

したがって、主に64歳以下で障害認定を受け障害者手帳、および疾患を有する者は788万人、65歳以上で介護保険サービスを受ける要介護認定を受けた要介護者は619万人であり、合計で約1400万人が「障がい者」ということとなる。

すでにわが国の1割を超える人々が「障がい者」ということになる。

# 障がい者の就労状況

## 就業割合

厚生労働省のデータ(3)によれば、15歳以上64歳以下の障がい者は、身体障がい者数134万4000人、知的障がい者数35万5000人、精神障がい者数35万1000人と合計で205万人に達する。この中で就業している割合は身体障がい者43%、知的障がい者52・6%、精神障がい者17・3%となっている。全就業者数は82万6000人、不就業者数は116万5000人であり、就業している者の割合は全体の4割程度となっている。

障害別にみると、知的障がい者は比較的就業しているものの、精神障がい者の就業がまだまだ進んでいない状況にある。

障害程度別の就業割合についてみていくと、「非重度」や「2級」「3級」といった軽度の者が高い。しかし、知的障がい者は「重度」でも比較的就業しており、約4割強が就業している。

## 不就業者の就業意欲

ここでは現在、就業していない障がい者の就業意欲についてみていく。

身体障がい者で就業意欲を持っているのは「重度」で57・5%、「非重度」で59・5%、「その他」で69・2%と、平均で6割近くが就業意欲を持つ。知的障がい者についてみると、「重度」25・5%、「非重度」57・1%、「その他」41・8%と、平均で約4割に達する。とくに「非重度」では就業意欲が高くなっている。

次に精神障がい者についてみると、「1級」54・2%、「2級」58・9%、「3級」75%、「無回答」68・8%となっており、平均で約6割が就業を希望している。精神障がい者でも軽度な「2級」「3級」での就業意欲が高い。

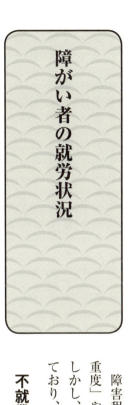

そして、3障がい者を合計した就業していない障がい者116万5000人のうちの57・2％が就業を希望しており、つまり66万6000人が就業を望んでいる。

これは15歳以上64歳未満のすべての障がい者205万人中の32・4％が就業を希望しているにもかかわらず就業できていないということである。健常者の失業率より、はるかに高いことがわかる。

## 雇用形態

15歳以上64歳未満の就業者の中で常用雇用[4]であるのは、身体障がい者57万8000人中28万人、知的障がい者18万7000人中3万5000人、精神障がい者6万1000人中2万人となっている。つまり、82万6000人中33万5000人（40・6％）が常用雇用に過ぎず、6割が常用雇用以外の雇用形態で就業しており、多くは不安定な雇用形態にあるといえる。

## 「一般就労」と「福祉的就労」

障がい者が企業等に勤める場合を「一般就労」という。

しかし、一般就労が困難である障がい者に対する就労および就労訓練の機会を提供する、厚生労働省の所管する障害福祉サービス事業の就労および就労訓練にかかる事業の中で就労する場合を「福祉的就労[5]」という。この就労系事業は就労移行支援事業、就労継続支援A型事業、就労継続支援B型事業に分かれる **（図2－4）**。

就労移行支援事業（以下、移行事業）というのは、企業等へ一般就労を希望する65歳未満の障がい者に対して、最長2年間の就労訓練を行うというものである。

就労継続支援A型事業（以下、A型事業）というのは、企業等で雇用されることが困難であったが就労を希望する障がい者に対して、就労機会および就労訓練の機会を提供するというものである。この場合、期間の設定はないが、事業者は最低賃金以上を支払い、障がい者と雇用契約を結ぶことが義務づけられている。

図２−４　一般就労、福祉的就労、雇用の相違

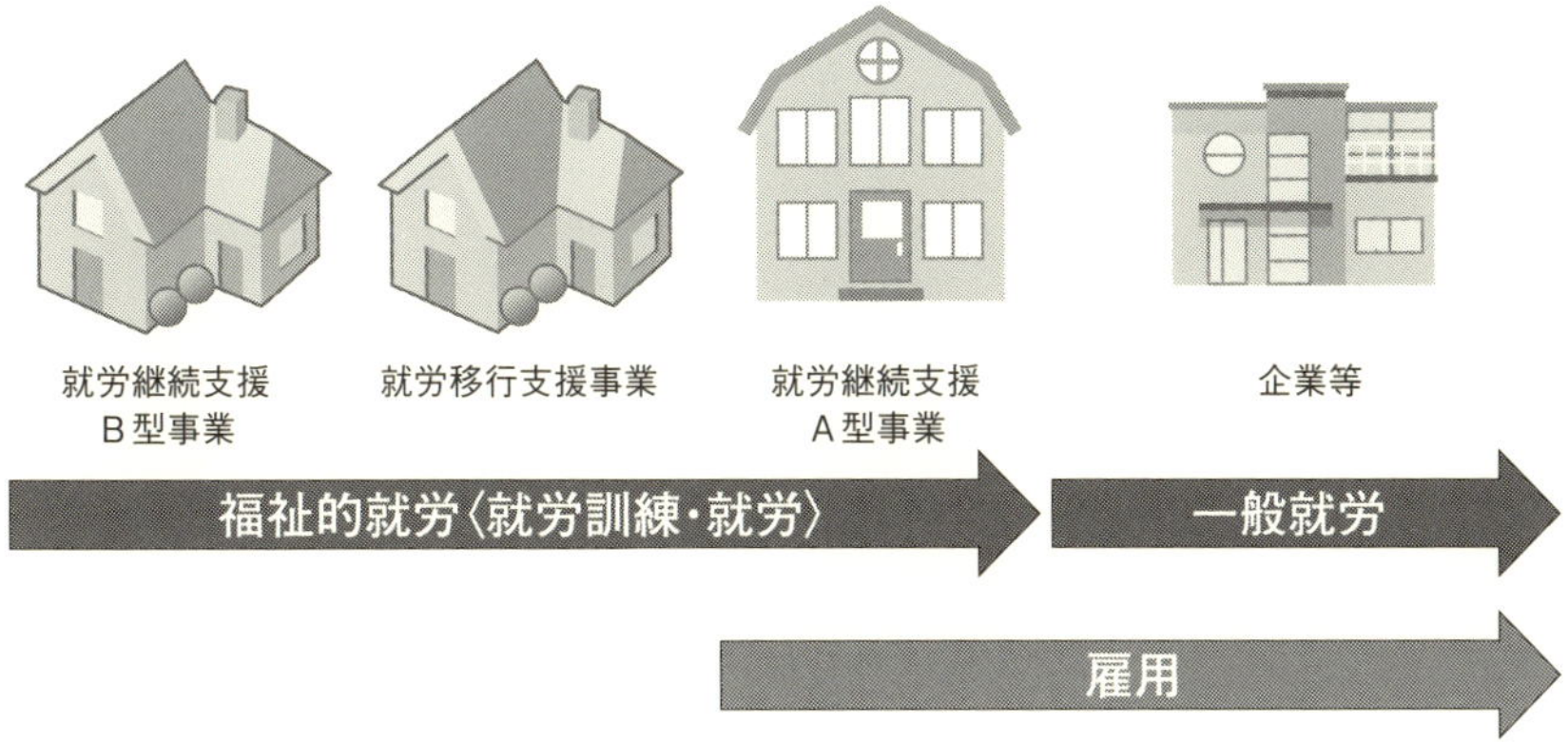


資料：著者作成

就労継続支援B型事業（以下、B型事業）というのは、企業等での雇用やA型事業での就労などがそもそも困難か、あるいは従事したが就労が困難であった障がい者に対して、就労および就労訓練の機会を提供するというものである。A型事業同様、期間の設定はないが、障がい者と雇用契約を結ぶ必要はない。

この三つの事業を行う事業者は、障害福祉サービスを提供することから、職員の賃金等の経費について国から報酬を得ることができる。ただし、障がい者の労働によって得られた売り上げは、原料費などを差し引いて、残りすべてが障がい者の賃金として支払われることになっている。

なお、障がい者は障害者福祉サービスを利用することから、利用料金を支払うこととなっている。世帯所得に応じて支払うが、負担上限が設定されている。

つまり、移行事業は企業等への一般就労を目指した訓練を行い、A型事業は一般就労を目指したがそれが困難であった者が就労し、B型事業は一般就労

もA型事業での就労も困難な者が就労する場となっている。そのため、障害の状態がよいのは傾向として、一般就労＞A型事業≧移行事業＞B型事業となっている。

ただし、ハローワーク等において「雇用」という場合には、移行事業とB型事業はカウントされず、A型事業と企業等への就労はカウントされる。したがって、障害福祉サービス事業であっても、雇用契約が結ばれれば、雇用となる。就労については狭義の意味では雇用と同義語となるが、広義の意味では雇用、福祉的就労、一般就労を包括するものといえる。

## 事業所の数

平成27年12月の国民健康保険団体連合会のデータによれば、移行事業所数は３１２７、A型事業所数は３０８６、B型事業所数は９８６６となっている。

家や事業所の外に出て働くことができる可能性のある障がい者の多くは、これらのいずれかの事業所に通い、就労および就労訓練をしている。そして多くの障がい者はB型事業所に通っている。

障がい者および親からすれば、B型事業所よりA型事業所での就労を希望するところであるが、雇用契約を結び最低賃金以上を支払うことができる事業所の数はまだまだ限られており、事業経営が課題となっている事業所が多い。

## 「一般就労」への移行の現状

特別支援学校から一般企業へ就職した者が28・4％で（図２−５）、それ以外の者は移行事業所、A型事業所、B型事業所、地域活動支援センターなどを利用（福祉的就労）している。また移行事業所、A型事業所、B型事業所などの障害福祉サービス事業から一般企業へ就職した者が４・６％（移行事業だけだと24・9％）となっている。

したがって、一般企業に就職している、つまり「一般就労」する者（18〜64歳）は年間で33％に過ぎない。

平成26年度現在、企業等（雇用者数50名以上）で

図2－5　就労支援施策の対象となる障がい者数と地域の流れ

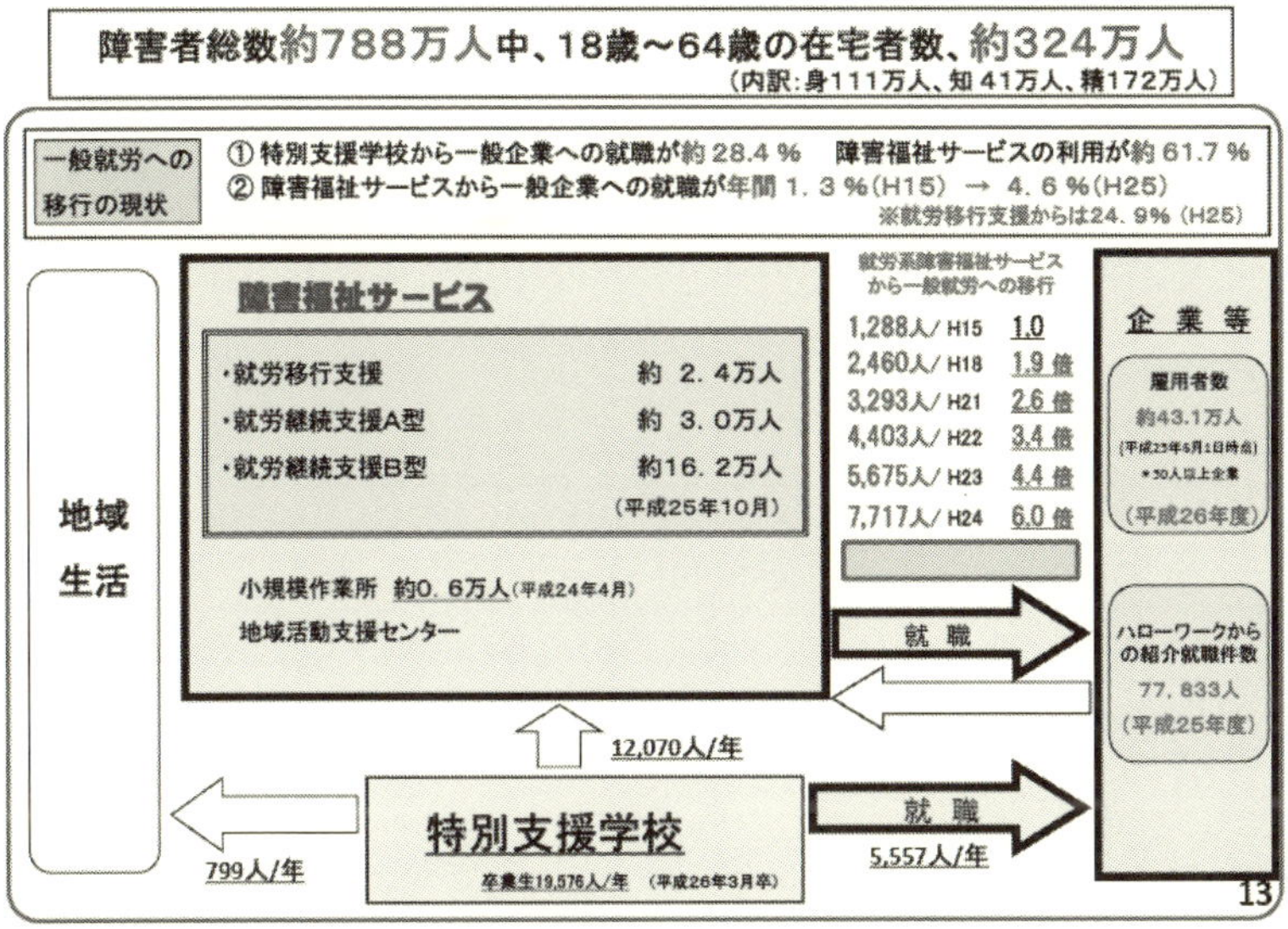


資料：厚生労働省　平成27年「障害者の就労支援について」

雇用されている障がい者は約43万１０００人となっている。

平成27年度より特別支援学校から直接B型事業所へ通うことができなくなっており、一般就労への強化が一層図られている。

## 平均賃金と厳しい就労環境

### 平均賃金

次に就労系の障害福祉サービス事業で働く障がい者の月額平均賃金（以下、工賃）についてみていくと、以下のようになる。

「一般就労」については各都道府県で定められた最低賃金以上を障がい者へ支払うことが原則となっており、健常者のパートやアルバイトの収入に近い収入を得るケースが多い。

一方、A型事業所、B型事業所で「福祉的就労」を行う障がい者の工賃は**（表２－１）**、A型事業所で６万６６１２円、B型事業所で１万４８３８円となっている。多くの障がい者の通うB型事業所は一か月働いても１万５０００円に満たない状況にあ

## 表２－１　平成26年度の平均工賃

平成２６年度平均工賃（賃金）

| 施設種別 | 平均工賃(賃金) | | 施設数(箇所) | 平成25年度(参考) | |
|---|---|---|---|---|---|
| | 月額 | 時間額 | | 月額 | 時間額 |
| 就労継続支援B型事業所（対前年比） | 14,838円（102.8%） | 187円（105.1%） | 9,244 | 14,437円 | 178円 |
| 就労継続支援A型事業所（対前年比） | 66,412円（95.6%） | 754円（102.3%） | 2,625 | 69,458円 | 737円 |

○　平成１８年度と平成２６年度の比較

| 対象事業所 | 平均工賃（賃金）〈増減率〉 |
|---|---|
| 工賃向上計画の対象施設(※)の平均工賃<br>※ 平成 18 年度は就労継続支援B型事業所、入所・通所授産施設、小規模通所授産施設 | (平成１８年度)　(平成２６年度)<br>12,222円 → 14,838円〈121.4%〉 |
| 就労継続支援B型事業所（平成２６年度末時点）で、平成１８年度から継続して工賃倍増５か年計画・工賃向上計画の対象となっている施設の平均工賃 | (平成１８年度)　(平成２６年度)<br>12,542円 → 16,097円〈128.3%〉 |

資料：厚生労働省ホームページ

る。また小規模なところでは３０００～７０００円という事業所も多い。

厚生労働省では工賃倍増５か年計画（平成19～23年度）に続き、工賃向上計画（平成24～26年度）を実施し、各事業所はそれに応え工賃の向上に取り組んできた。

その結果、それまでは１万２０００円程度であったものを１万５０００円近くにまで、着実に向上させてきている。しかし、まだまだ低水準の状況にある。

**厳しい就労の現実**

以上のように障がい者の就労環境は、行政や事業所、障がい者の努力により少しずつではあるが改善が進んでいる。だが依然として、低就業率、低賃金、不安定雇用であり、就労環境は極めて厳しいといえる。

働きたくても働く場のない障がい者、働いても低賃金である障がい者が多いということである。

# 農福連携によるメリット

農のもつ福祉力を発揮するとき、農福連携は大きなバネになることを示してきたが、では農作業受委託や障がい者就労などに取り組むことによって、どのようなメリットがあるのだろうか。

## 障がい者にとってのメリット

障がい者が農業に取り組むことによるメリットは主に五つある。

一つ目は、農には福祉力があり、リハビリテーションや癒しとなる。障がい者にとっては、動植物に触れることによるセラピー効果、自然の中で作業をすることによる心地よい癒しや疲れを得ることができる。こうした農の福祉力によって、障害のリハビリテーションや就労訓練に結びつきやすくなっている。

二つ目は、新たな職域になるということだ。多くの障害者福祉事業所では、企業等からの工業製品などの下請け作業、クッキー、パン、惣菜等の食品製造を主として行っているが、新たな働く場となる。もちろん、農作業が好きでない障がい者、農作業ができない障がい者もいることから、すべての障がい者にとって新たな職域となるわけではない。だが、とくに精神障がい者には建物の中での他の作業より、太陽の光や風を受け、身体を自然の中で動かすほうがよいという側面がみられる。

三つ目は、工賃向上の可能性があるということである。多くの障がい者の月額賃金は約1万4800円であることから、それ以上の賃金を得ることは障がい者にとって大きなメリットとなる。障がい者にとっては障害者年金＋αによる一定以上の収入を得ることができれば大きなメリットといえよう。例えば、農山村地域において障がい者が1か月6万～8万円の障害者年金を得て、10万～15万円の収入を得ることができれば、生活は可能である。

ただし、次の点には留意する必要がある。障がい者を単なる安価な労働力として位置づけてはならないということだ。作業の内容・量に応じて、適正な賃金や料金を支払うことが必要である。

四つ目は、現場に出るということは障がい者にとっては事業所から地域に出るということであり、障がい者に対する地域理解が促進する、地域住民と交流する機会になるということがあげられる。

五つ目は、農業や社会福祉等の法人での雇用となれば障がい者にとって安定雇用、自尊心を高めることにつながる。

## 農家等にとってのメリット

### 事業所への作業委託の場合

農家等が障害者福祉事業所へ委託することによるメリットは主に四つある。

一つ目は、高齢化や後継者不足によって作業が難しくなったときや農繁期の担い手として、事業所が作業を受託してくれる。近年、農繁期に依頼している健常者のパートも高齢化しており、そうしたときの新たな担い手となっている。

二つ目は、委託を通じて農地管理が可能となっている。あるいは耕作放棄地を再生するケースも出てきている。

三つ目は、農家等の栽培する農地面積の拡大、農業収入の増加につながるケースもある。例えば、香川県ではニンニク農家の数は減少しているが、1戸当たりの栽培面積が拡大し、収入の拡大に結びついている。その要因は、障害者福祉事業所への作業委託によるということである。

四つ目は、障がい者との交流ができるようになるということである。

### 障がい者雇用の場合

障がい者雇用によるメリットは主に五つある。

一つ目は、農業法人や有機農業などを行う農家等にとっては、常用での農作業の従事者が必要とされており、新たな従業員の確保につながるためである。現在、外国人などを受け入れて対応しているケースもあるが、障がい者が新たな労働力となる可能性がある。ただし前述したとおり、ここでも障がい者を安価な労働力として利用してはならない。適正な賃金を支払っていくことが求められる。

二つ目は、障がい者雇用を通じた生産や農地の維持が可能となることである。

三つ目は、農業法人等が障がい者を雇用した場合、職場内の情報共有や動線などがスムーズとなり、結果として作業効率が高まるということがある。障がい者に対して丁寧な対応ができれば、それは健常者にとっても同様の効果があるためである。

四つ目は、障がい者の存在自体が、職場の人間関係を改善し、和やかな雰囲気とする。これは「障がい者の福祉力」といえ、障がい者の存在が、人間関係や場の雰囲気を癒すという力である。

五つ目は、農業法人等が障がい者の適性に応じた作業をつくり出す中で、より付加価値の高い商品を生産することも可能となる。

## 地域にとってのメリット

障がい者が地域の農業に従事することによる地域のメリットは主に五つある。

一つ目は、地域の農業の維持、場合によっては活性化につながる。

二つ目は、地域の農地管理、耕作放棄地の管理につながる。

三つ目は、障害者福祉事業所とのつながりができることで、農作業以外での新たな連携により地域特産品の開発、販路確保につながる可能性がある。実際に事業所が新商品の開発や食品加工を行ったり、農家が手がけた農産物などの販路を開拓する事例もある。

四つ目は、地域の分断された主体が障がい者を通じて連携し、新たな連携を生み出す。地域に応じて連携の形は異なるが、農福連携から農福商工連携へ、さらに芸術、スポーツ、教育などとの連携へとつながっていく。福は人々の想いをつなげ、縦割りをなくしていく力がある。

五つ目は、地域の多様な主体の交流機会の創出につながる。

## 新たな職域・新たな担い手の可能性

### 農業に従事する人数

２０２０年（平成32年）には基幹的農業従事者が90万人程度、農業就業人口は２００万人程度となり、この人口で日本農業を支えていかなければならないと推測されている。(6) 仮に、障がい者の中で就業を希望する66万６０００人のうちの10％、要介護認定を受けた高齢者の６１９万人のうちの１％でも農業に従事すれば（主な対象となり得るのは、要支援１・２程度の要介護認定者〈要支援認定者数：平成27年12月１７４万８０００人〉）、６万６０００人と６万２０００人（要支援だけなら1万７０００人）で10万人強の者が農業へ携わることとなる。

これは基幹的農業従事者の約1割、少なく見積もっても5％くらいにはなる。この存在は大きい。

平成27年労働力人口６５９８万人中の農業就業人口は平成27年２１０万人で３・２％である。しかし、障がい者の農業就労は一般の他産業に比べてもまだまだ少ない。「平成27年度における障害者の職業紹介状況等」（厚生労働省）によれば農林水産業への産業別就職割合は１・２％に過ぎず、今後さらなる農業分野への障がい者・高齢者の就業の進む余地はあるといえるだろう。

### 農業に従事することで得られる可能性のある収入

農業臨時雇用の全国平均賃金（全国農業会議所「農作業料金・農業労賃に関する調査結果」〈平成26年〉１日当たりの報酬、平均労働時間は８時間）は、農作業一般「専門作業」の「男」が１日当たり９０３８円、「女」が７７８４円である。熟練度や強度を必要としない「一般・軽作業」の「男」は７１４９円、「女」が６６０４円である。

障がい者は障害者年金を得ながら（障害者基礎年金は月に１級：約8万１０００円、２級：約6万５０００円）、農業で最低賃金を上回る収入を得ることができるならば、障がい者の所得向上につながるであろう。仮に、月48時間労働（４時間×３日×４週）が確保できるならば、「一般・軽作業」の「男」では４万３０００円、「女」では４万円となる。月96時間労働なら「男」８万６０００円、「女」７万

9000円、つまり年間48万～103万円を得ることとなり、これは障がい者にとっては大きな収入の機会となる。

### 税金を払うことのできる障がい者

こうして障がい者はサービスを提供する立場になることができ、農業を支え、食料自給率を支え、環境を支えることに役立つ可能性を持っている。また障がい者は一定の国からの障害福祉サービスを受けつつも、税金を納めることができる可能性も持っている。さらに農作業を通じて、障害の程度や疾患が低減され、健康の増進や維持につながり、結果として医療費や障害福祉サービスにかかる費用を引き下げることも可能となるであろう。

一方で農業サイドにとっては、障がい者が新たな担い手となり、それまでの農作業を支える、場合によっては規模を拡大させることも可能となる。さらに、農業が単にモノを提供するのではなく、障害福祉サービスというサービスを提供することによって、新たな収入機会を確保することにもつながっていく。それは農業の新たな価値を生み出すこととなる。

## 農業活動の取り組み実態

### 障害者福祉事業所の取り組み

ここでは、農福連携に関する全国の障害者福祉事業所による取り組み状況についてみていこう。

まずは、きょうされん（旧称：共同作業所全国連絡会）が会員1553の事業所に対して、平成22年11月にアンケート調査を実施した結果から。有効回答数は682で、事業所の特徴としてはNPO法人や人員数・資産規模の小さな事業所が多い。なお、集計、報告書の作成については農林水産省農林水産政策研究所が行っている（**図2－6**）。

これをみると農業活動に取り組んでいるのは41%、やめた事業所は9%に達している。この10年以内に開始している事業所は71%にも達している。

図2－6　農業活動への取り組み状況と開始時期

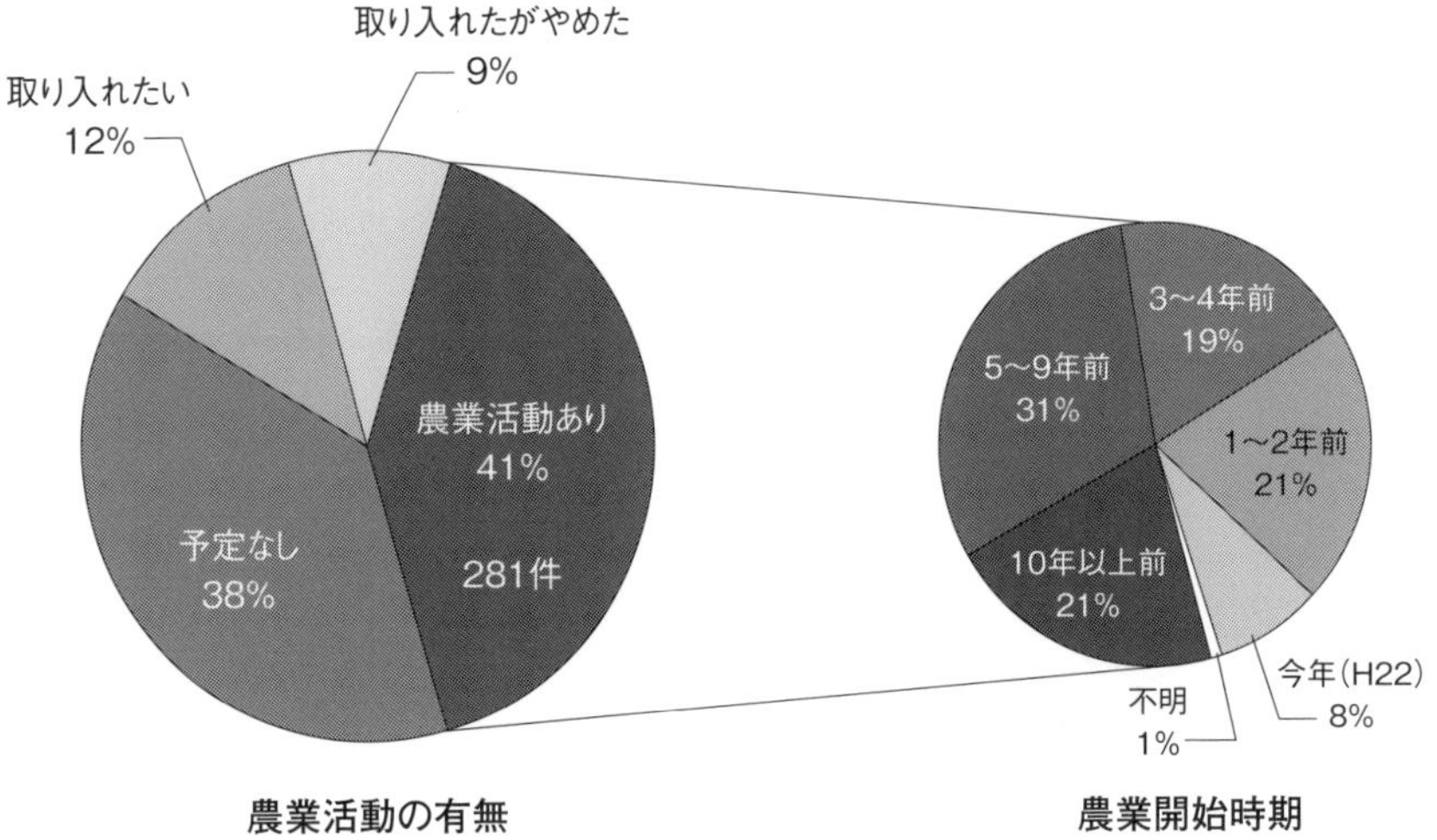


出典：農林水産政策研究所『きょうされん「障害者の農業活動に関するアンケート」集計結果』（平成24年7月）

## 日本セルプセンターの報告

次に、社会福祉法人などのより人員数・資産規模の比較的大きい会員で組織されている、NPO法人日本セルプセンターおよび全国社会就労センター協議会に登録されているすべての事業所に対して行ったアンケート結果（19頁と同じアンケート）がある。2014年1月に実施され、配付数1696、有効回答数832となっている。

ここでは33・5％が農業活動に取り組んでいると回答している（**図2―7**）。また、地域の農産物を活用した加工・飲食事業には7・9％が取り組んでいる。取り組みはじめたのは、この10年間が46・3％と最近始めたところが多くなっている。

地域別でみると取り組んでいる割合は、北海道、九州・沖縄などの農業圏で高く、反対に東海、近畿などの太平洋ベルト地帯の工業圏で低い（**図2―8**）。

農業活動に取り組んだねらいについてみると、「障害者に多様な作業をしてもらうことが可能なため」（49・8％）、「障害者の生きがい、やりがいのため」（43・2%）、「障害者に適した作業のため」（32・5%）と、農の福祉力と関わる項目が上位に来ている。また、農業にはさまざまな作業があることから障がい者に適している、さらには「新しい職域開拓のため」（33・7%）などと、多様な作業機会の提供、新たな仕事づくり、工賃向上への効果をねらったものも上位となっている（図2－9）。

図2－7　農業活動の取り組み状況

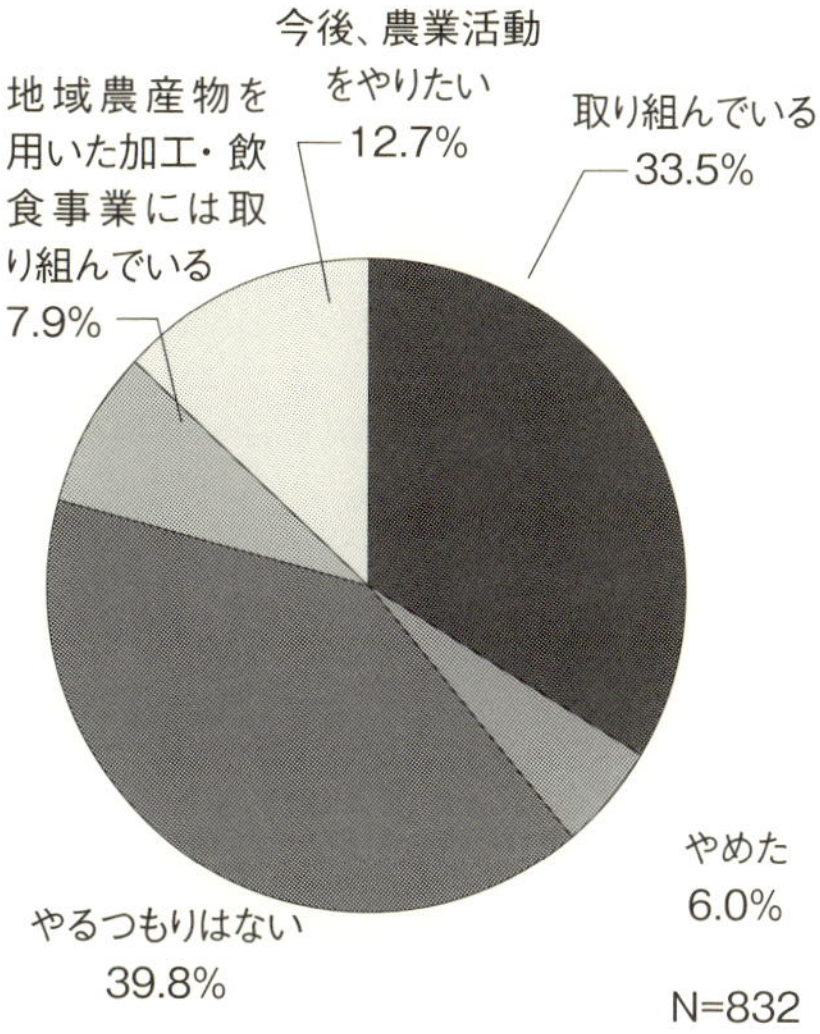


出典：NPO法人日本セルプセンター
『農と福祉の連携についての調査研究報告』
（平成26年3月）

### 3分の1が農業活動に取り組む

実は、きょうされんアンケートの「農業活動」には加工や販売が含まれていることから、日本セルプセンターの結果も踏まえると、実際に農業生産を行っているところは3分の1程度、そして地域農産物で加工・販売・飲食事業しているのは1割弱とみられる。

つまり、事業所が自給農業を含めたなんらかの農業生産に3分の1が取り組み、加工・販売・飲食事業を含めると4割強が地域農業と関わりを持った取り組みをしているのだ。

そして、今後、農業生産に取り組みたいとするのは、きょうされんアンケートで12%、日本セルプセンターアンケートは12・7%とあり、これを合わせると半数以上の事業所が地域農業と関わりを持つ可能性がある。

### 新たな事業所は事業収益と職域開拓がねらい

日本セルプセンターの報告では、この10年ほどの間に取り組みはじめた事業所は5割近くに達し、その主たるきっかけは農の福祉力の効果、職域開拓をねらったものとなっている。近年になればなるほど、新規の事業収益の確保と新たな職域開拓のため

## 図２－８　地域別の農業活動取り組み状況

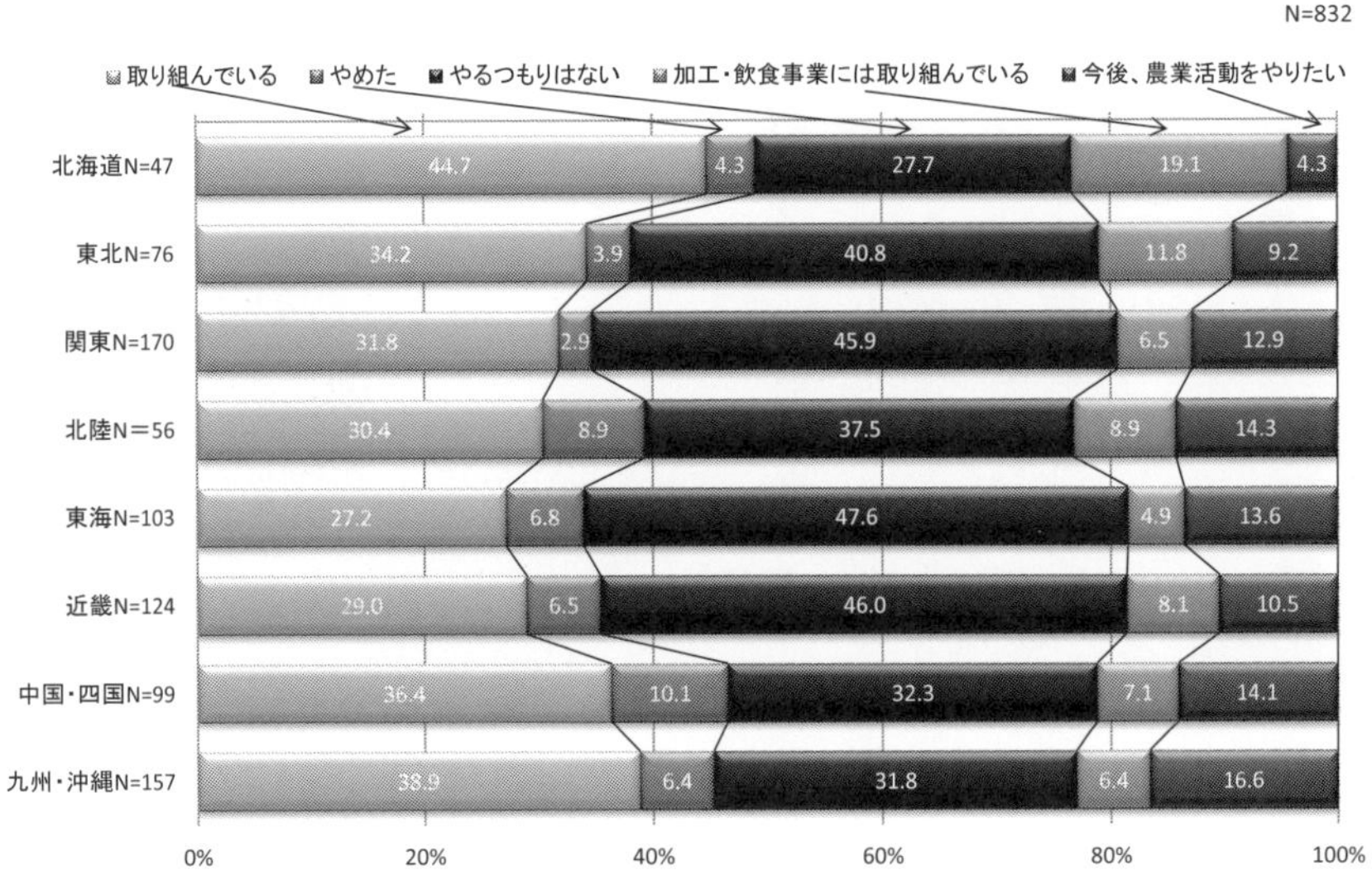


出典：NPO 法人日本セルプセンター『農と福祉の連携についての調査研究報告』（平成 26 年３月）

## 図２－９　農業活動の当初のねらい

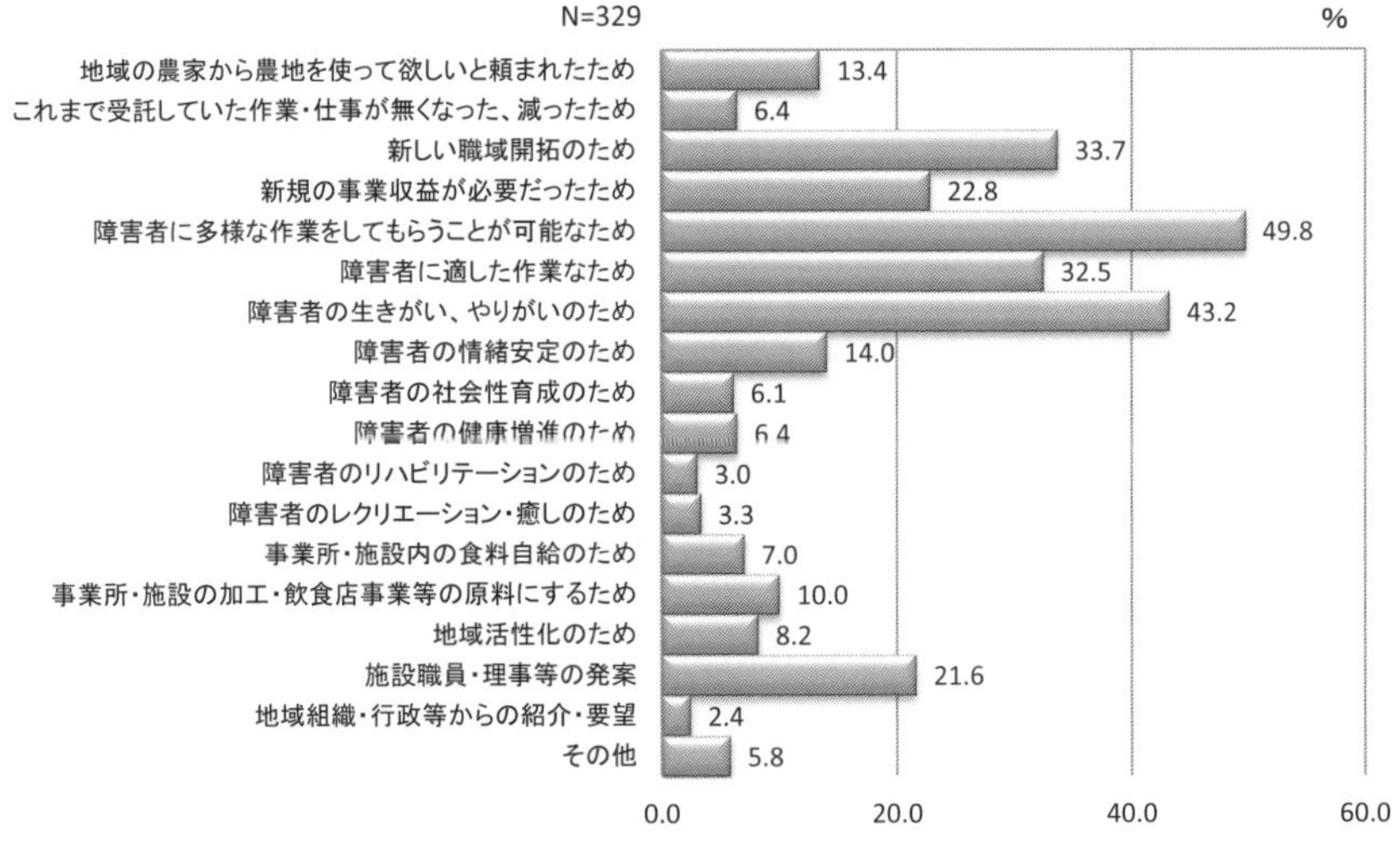


出典：NPO 法人日本セルプセンター『農と福祉の連携についての調査研究報告』（平成 26 年３月）

に取り組むところが多い。

その前提には農の福祉力による農業と障がい者の親和性があるといえる。そして、事業所がよく行っている下請け作業が多いとみられる工業圏より、農業圏での取り組みが多い。円高やリーマン・ショック後に仕事を失った地域では新たな職域として農業に取り組んでいるとみられる。

**リーマン・ショックの影響**

ヒアリング調査によれば、関東地方のある社会福祉法人では、大手自動車メーカーから多くの仕事を受注していたがリーマン・ショック後に平均の約5割まで仕事が減少した。同様に東海地方のあるNPO法人では自動車メーカーからの仕事がほぼなくなった。東北地方のある社会福祉法人でも他の下請け仕事がなくなった。

そうした中で新しい仕事をいくつも模索するうちに、農業生産が新たな職域の一つとなったという。かつて、リーマン・ショック時、外国人就労者の工場での仕事がなくなったとメディアでは取り上げられた。しかし、多くの障害者福祉事業所では、下請け作業がなくなっていた。

## 障がい者の取り組み分野に農業が位置づけられる

わが国の一年間の骨太指針となる『経済財政運営と改革の基本方針２０１５～経済再生なくして財政健全化なし～』が平成27年6月30日に閣議決定された。その「第2章　経済の好循環の拡大と中長期の発展に向けた重点課題」において、「2・女性活躍、教育再生をはじめとする多様な人材力の発揮」に〔1〕女性、若者などの多様な人材力の発揮という節がある。

そこには「生涯現役社会の実現に向けた高齢者の就労等の支援、障がい者等の活躍に向けた農業分野も含めた就労・定着支援、文化芸術活動の振興などその社会参加の支援等に取り組む」という記載が初めてなされた。

また、平成28年6月2日には『ニッポン一億総活躍プラン』および『日本再興戦略２０１６』が閣議決定された。そこには「農福連携の推進」や「農業分野での障害者の就労支援（農福連携）等を推進する」という文言が盛り込まれた。

つまり経済発展のための人材力に障がい者が位置づけられ、その主たる取り組み分野に農業が明記されたこととなる。農福連携への関心が、農林水産省、厚生労働省から国全体まで広まりつつあることを意味する。

以下では、農林水産省と厚生労働省の動向、県や市などの主な地方自治体の動向について概観する。

## 国・地方自治体による農福連携の推進

### 農林水産省による支援

農林水産省は食料・農業・農村政策推進本部において「21世紀新農政２００８」（平成20年5月7日）を決定し、「国内農業の体質強化による食料供給力の確保」を目指して「意欲と能力のある担い手の育成」の一環として、「女性、高齢者、障害者等の多様な人材が活躍できる環境づくりを推進する」ことを掲げた。

この方針を引き継ぎ、平成22年12月に省庁を超えた取り組みとして「〈食〉に関する将来ビジョン」（「食」に関する将来ビジョン検討本部）が発表され、10の成長プロジェクトの一つに「医療、介護、福祉と食、農の連携」が盛り込まれた。平成25年5月には首相官邸に「農林水産業・地域の活力創造本部」を設置し、12月に「農林水産業・地域の活力創造プラン」が本部決定された。

八つの具体的施策の一つ「２・６次産業化等の推進」において「農商工連携、医福食農連携等の６次産業化、異分野融合研究の推進」が掲げられ、さらには「５・農山漁村の活性化」において「①福祉、教育、観光、まちづくりと連携した都市と農山漁村の交流等の推進」の中で「障害者や高齢者のための福祉農園の整備を推進（「農」と福祉の連携プロジエクト）」が掲げられた。平成26年の改定では、生活困窮者等も対象とした福祉農園の整備を進めるとしている。

農林水産省経営局が平成20年に『農業分野における障害者就労の手引き』、平成21年に『農業分野における障害者就労マニュアル』を作成している。平成22年度から平成25年度まで「女性・高齢者等活動支援事業」を実施し、地域の福祉や教育などのさまざまな分野の関係者が連携し農業分野での障がい者就労を進めることを目指し、モデル地域において就労に関する先導性のある実験的な取り組み・検証を行っている。

また、農業分野における障がい者就労を推進するための仕組みや組織づくり、農業サイドと福祉サイドとのマッチング、普及・啓発等を支援した。

経営局の事業は、主としてソフト支援による取り組みの普及と意識啓発を進めるものであった。平成25年度からは農村振興局がハード支援も行い、予算規模が大きく拡大している。平成27年10月より障がい者等にかかる経営局の担当部署が農村振興局へ移され、農村振興局の中で一体的に取り組まれることになった。

平成25年度、農村振興局では「都市農村共生・対流総合対策交付金」および「〈農〉のある暮らしづくり交付金」を創設した。前者は中山間地域等の農村地帯、後者は都市などの都市計画区域を対象にしたものである。

ハード支援として、障がい者や高齢者などが関わる福祉農園の整備のための機械や施設整備の費用に加え、さらに障がい者等が地域で生産した農産物の加工・販売・飲食店にかかる機械や施設の整備費用にまで交付する内容となっている。また、人材育成やコンサルティング、さらには意識啓発のためのイベントおよび福祉農園開設支援のための研修会の開催といった普及や意識啓発にかかるソフト支援も含まれるものとなっている。

前者の交付金については、任意団体であっても農福連携を進める地域協議会を設立すれば、交付対象となっている。後者は特定の法人等を交付対象としている。平成27年度からは「〈農〉ある暮らしづくり交付金」は、「都市農業機能発揮対策事業」に発展的に解消された。これは都市農業機能発揮にかかる調査・検討を進めるとともに、都市農業の新たな取り組みである福祉農園の開設支援を行うという、福祉農園の整備に重きを置いたものとなっている。

地方農政局としては中国四国農政局が早くから取り組みはじめている。平成20年7月に岡山労働局と連携し、「農業分野での障害者雇用の促進に関する検討会」を設置し、岡山市を中心とした地域の取り組みをモデルとし、農業分野での障がい者雇用を促進するための課題の整理、課題対応方策等の検討などを行っている。さらには、平成21年3月には岡山市を中心に農業分野における障がい者雇用を促進するために、障がい者を雇用する農業生産者や障害者福祉事業所、障がい者就労支援団体や行政などが集まり、ネットワークを設立している。

障害に合わせた機械を開発（トレー洗浄）

なお、同様のネットワークや協議会が、平成25〜26年にかけ全国の地方農政局単位に設立された。[7] 各農政局内に事務局を設置し、農業分野での障がい者就労促進に関心のある農業関係者・福祉関係者・行政機関等がネットワークや協議会の構成メンバーとなっている。ここでは情報交換、マッチング、研修会やシンポジウム等の開催を行い、広域のブロック内の農業分野での障がい者就労の促進を図っている。

## 厚生労働省による推進

厚生労働省は平成18年度より農林水産省と連携し、農業就業を希望するフリーター等の若者を重点とし、各都道府県労働局内のハローワークに「就農

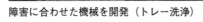

等支援コーナー」を設置している。障がい者の就労支援においては、平成24年度から実施している「工賃向上計画支援事業」において、障害者福祉事業所への専門家派遣の中で、農業の専門家派遣を推進している。

生活困窮者などによるトウモロコシ生産（耕作放棄地）

「平成24年版障害者白書」の雇用・就労の促進施策の「総合的支援施策の推進」においては、「(6)障害者の就労支援にあたっての農業部局との連携」という項目が掲載されている。

　ここでは厚生労働省と農林水産省で連携し、都道府県において、管内農業部局と連携をとり、福祉関係者や農業関係者の双方が両省の制度にかかる理解の深まるようなホームページを作成・公開、研修会等を開催すること、また、就労継続支援事業の施設外就労における農業の有効性を認め、請負（作業受委託）契約締結等にも留意し、この取り組みを推進するように周知している。平成25年、26年、27年版の障害者白書にも農業部局との連携にかかる項目が引き続き掲載されている。

　平成28年度に厚労省による農福連携に関する単独の予算が確保された。一つは障害福祉課による障害者福祉事業所への農業技術や6次産業化等の専門家派遣、マルシェ開催、その他事務経費をまかなえる「農福連携による障害者の就農促進プロジェクト」1・1億円、もう一つは障がい者だけでなく生活困

生活困窮者などが就労訓練をするハウス

窮者の支援を行う地域福祉課による生活困窮者等の就労訓練・支援を農業で行うという「生活困窮者等の就農訓練事業」4・2億円である。

## 両省による共同の取り組み

厚生労働省および農林水産省が協議し、障がい者の農業分野での就労、高齢者の健康・生き甲斐づくりへの農業の活用等を進めようとする人々を対象として、両省の活用可能な支援策等について冊子『福祉分野に農業を』として取りまとめ、インターネットで公開している。

平成25年にVer・1を公開し、その後改訂を重ね、26年にVer・2、27年にVer・3、28年にVer・4が公開されている。

平成25・26年度には、両省のほか経済産業省も加わり、医療・福祉分野と食料・農業分野の連携による取り組みを促進するための「医福食農連携事例発表会」やシンポジウム等が開催されている（平成26年6月に閣議決定された『「日本再興戦略」改訂2014—未来への挑戦—』において、「医福食農連

生鮮野菜や加工品などを展示・即売

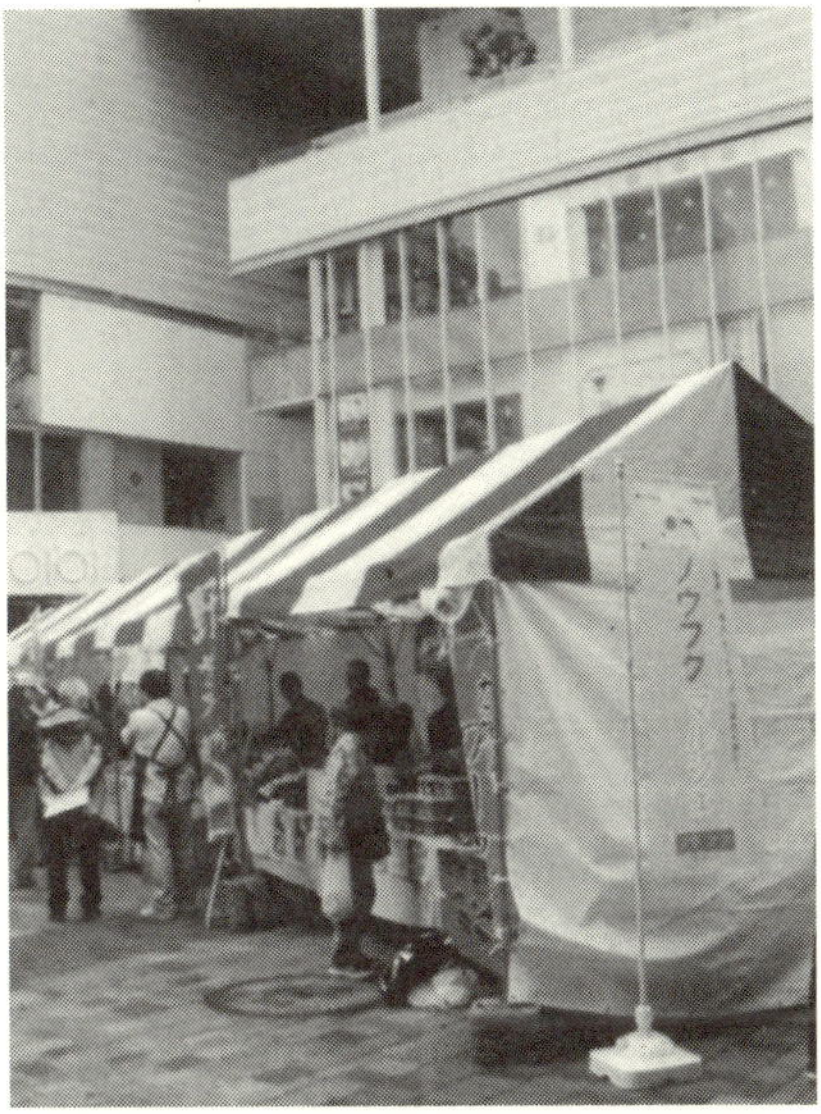

農福連携マルシェ（東京・有楽町駅前広場）

携、農観連携等により、新たな国内市場を開拓する」と位置づけられている）。

また、両省で「農」と「福祉」の連携プロジェクトチームを設置、さらには農業団体および高齢者・障害福祉団体からなる連絡協議会を立ち上げている。

平成27年5月には両省の担当者が現場視察を行う農福連携スタディーツアーが開催された（ツアーは平成26・28年度も実施）。同年6月には両省の大臣が出席し、農福連携について農業関係者・福祉関係者だけでなく広く一般へも周知するために、農林水産省の駐車場において農福連携マルシェが開催された。

平成28年5月にはＪＲ有楽町駅前広場において、厚生労働省および農林水産省が主催する「農福連携マルシェ２０１６」が開催され、両省の大臣・関係議員・総理夫人等が参加したセレモニーを実施、全国の障がい者が生産した商品を販売した。また6月には総理官邸において「安倍総理と障害者との集い」が開催され、農福連携に取り組む団体（一般社団法人農福連携自然栽培パーティ全国協議会）が出店した。

## 都道府県段階による実施

県や府単独として農福連携の推進を図る取り組みが行われている。以下ではその主なものについてみていく。

**静岡県**

静岡県では、平成17年頃より浜松市やNPO法人しずおかユニバーサル園芸ネットワークと連携し、障がい者の就農にかかる研修会開催・現地視察を実施、施設外就労（農作業受委託）等にかかる農業生産者等と障害者福祉事業所とのマッチング、農業現場での障がい者の適応を支援する人材（「農業ジョブコーチ[8]」）の育成などを行ってきた。

**山形県**

山形県では、平成20年より労働力を求める農業生産者の要望に合わせ、障害者就業・生活支援センターや最上総合支庁福祉課の職員が作業内容や報酬などの調整を行い、作業可能な障害者福祉事業所を紹介するという「障がい者による農業応援作戦」事業を実施し、マッチングを図っている。

**香川県ほか**

農業生産者と障害者福祉事業所の作業受委託にかかるマッチングを積極的に推進してきたのは香川県（平成20年試行実施、平成23年開始）、鳥取県（平成22年開始）、島根県（平成24年試行実施、平成25年開始）、長野県（平成26年度開始）で、それぞれマッチングを行うコーディネーターを配置し取り組んでいる。

鳥取県は「農福連携推進事業」として県直轄で実施（開始当初は障がい者就労支援を行う中間支援団体のNPO法人鳥取県障害者就労事業振興センターに委託）、香川県は平成26年度より「共同受注窓口機能強化事業」として障がい者就労支援を行う中間支援団体のNPO法人香川県社会就労センター協議会に委託、島根県は「農福連携事業」として農業振興にかかる中間支援団体の（公財）しまね農業振興公社に委託し（平成28年度よりNPO法人島根県障がい者就労事業振興センターが実施）、マッチングを進めている。このほか青森県三八《さんぱち》地域県民局が圏域において平成23・24年度「三八地域障害者農業就

農作業を受託したニンニク畑（県段階の取り組み）

労促進事業」、平成25・26年度は「県南地域障害者農業就労加速事業」として実施し、長野県においても平成26年度より「福祉就労強化事業」（NPO法人長野県セルプセンター協議会委託）としてマッチングを開始している。

**島根県・長野県**

島根県では障害者福祉事業所への農業専門家（農業技術指導員）の「農福連携サポーター」派遣による農業技術指導、長野県では施設外就労（農作業受委託）時の現場で作業の質の保証および障がい者の作業を支援するために「農業就労チャレンジサポーター」（農作業支援員）派遣についても実施している。さらに島根県ではより障がい者が農業に従事しやすくするための作業改善、就労形態の分析研究、圃場等での実証実験を行っている。

**岩手県**

岩手県県南広域振興局では、平成26年度より農産加工機械を有する障害者福祉事業所が農家等の生産した農産物を加工、さらには販売するなどの6次産業化による農福商工連携の新たな地域ビジネスモデ

障がい者等によるマルチの回収作業

ルの構築とマッチングを進めようとしている。

**三重県**

また、三重県では平成23年度に「福祉事業所における営農状況アンケート調査」を実施、平成24年度より「農福連携・障がい者雇用推進事業」を開始し、農業に取り組む事業所への技術・経営支援、農業生産者とをつなぐ人材育成、農業生産者に対する意識啓発、農作業の斡旋等の実施、そして平成25年度に三重県農業大学校において人材育成のために「農業と福祉」という履修科目を設置している。

**兵庫県**

兵庫県では兵庫県立淡路景観園芸学校において、障がい者の農作業を手助けする農業就労サポーターの育成や独自の園芸療法士の育成、農作業による身体への効果測定などに取り組んでいる。

**大阪府・愛知県**

大阪府では（一財）みどり公社が、特例子会社による農業参入、社会福祉法人等の農業参入を進める一方、平成26年度より障がい者を雇用した企業等の農業参入を支援する「ハートフル企業農の参入促進

直売所の鉢物に水を与える（三重県名張市・緑生園）

事業」を開始している。その中で、農の分野における障がい者の雇用を一層促進するためのハートフルアグリサポートセンターを設置し（平成27年度）、相談や課題に対してワンストップで対応できるようにしている。このほか愛知県では平成22年度に「農業分野における障害者雇用セミナー」を開催、平成24年度に「農業分野における障がい者雇用促進事業」を行った。

県や府によって取り組みの広がりには差がみられるが、取り組み内容を大きく分けると次のように整理できる。

①農福連携にかかる意識啓発の研修会等のイベント開催、②農作業受委託（施設外就労）にかかる農業生産者と障害者福祉事業所とのマッチング、③農業技術指導員の派遣、④農作業支援員（サポーター）の派遣である。

進め方としては、取り組み開始当初は、試行実施、モデル事業を行い、その後本格的に事業を実施する例が多い。

また、県全体で実施する場合と特定の圏域で実施

農業ジョブトレーナーとともに自然薯の管理作業（緑生園）

する場合に分かれる。

取り組み主体については、県・府の担当部署が直轄で実施するか中間支援団体等へ委託し実施するものとなっている。また、県・府の農福連携にかかる担当部署は（1）障がい者福祉担当部署が中心となるか、（2）農業担当部署が中心、（3）あるいは両担当部署が協同して取り組んでいる。なお、前述した「農福連携による障害者の就農促進プロジェクト」1・1億円には30近い県などが申請をしたという。

## 市区町村段階による実施

市区町村段階の単独の取り組みとしては多くはないが、代表的な取り組みとしては静岡県浜松市と三重県名張市がある。

**浜松市**

浜松市は前記の静岡県やＮＰＯ法人と連携する形で取り組んでいる。意識啓発にかかる研修会等のイベント開催、企業―農家―障害者福祉事業所の連携モデルおよび農家や農業法人での障がい者就労モデルの試行実施、現場で障がい者へ指導を行う農業ジョブコーチの育成、農業生産者と障害者福祉事業所とのマッチング（最初は、作業受委託ではなく派遣事業を試行）などさまざまである。

### 名張市

名張市は、特別支援学校と連携し、農を活用した教育プログラムの試作・実践を通じた協力農家等での農作業体験実習を行うとともに、支援者のスキルアップや育成に取り組んでいる。平成21年に名張市における農業分野の障がい者の雇用を推進することを目的とする、JA、特別支援学校、育成会、農業改良普及センター、農業委員会などの関係機関とともに、市長が会長となる「名張市障害者アグリ雇用推進協議会」を設立している。具体的には障がい者就労体験実習、モデル雇用、農業収穫体験イベントなどを実施、さらには「農業ジョブトレーナー[9]」の養成にも取り組んでいる。

名張市の取り組みは農家への障がい者の就職（雇用）という極めて高い最終目標を掲げて取り組んでいるのに対して、浜松市の取り組みは雇用のみならず、農作業受委託のマッチング、人材育成プログラムの開発、障がい者就労（就労訓練を含む）モデルの創出、さまざまな主体との連携モデルの創出など、今日の農福連携にかかる多様なモデルを試行してきた。

両市とも先導性のある、先進的な取り組みを行ってきたといえる。

### 新潟市

これらの取り組みを参考にした動きも出てきており、平成27年度より政令指定都市である新潟市においても農作業受委託のマッチングを進めるための新潟市障がい者あぐりサポートセンターを設置、初めて作業を委託する農業者に対する助成金を用意し、農福連携の取り組みを促進している。

〈注釈〉

（1）農林水産省「新規就農者調査結果」

（2）松久勉「わが国農家人口と農業労働力の将来推計」『農業総合研究』（第46巻第2号 平成4年4月）によれば、2020年には基幹的農業従事者が94万人（農業就業人口は200万人）と予想されている。

（3） 厚生労働省　平成20年「身体障害者、知的障害者及び精神障害者就業実態調査の調査結果について」より。ただし、最新の調査で平成23年度「障害者の就業実態把握のための調査」報告書があるが、人数の推計をしていないため、また岩手県、宮城県、福島県の東日本大震災における津波浸水地域と原発事故の警戒区域等を含む市町村に住む者については、調査対象から外しているため、前回調査結果を用いることとした。

（4） 常用雇用者とは、1週間当たりの労働時間が20時間以上で、期間の定めなく雇用される者。ただし、期間が定められている場合であっても、1年以上雇用されている者および1年以上雇用されると見込まれる者をいう。

（5） 福祉的就労に近い言葉として、「中間的就労」というものがある。これはただちに一般就労が困難な人々、主には生活保護受給者・生活困窮者への就労訓練などを指す。必要に応じて公的支援も実施されることから、中間的就労の広義の意味には福祉的就労も含まれると考えられる。

（6） 注釈（2）と同じ

（7） 東北農政局、関東農政局、北陸農政局、東海農政局、近畿農政局、中国四国農政局、九州農政局に設置、さらに北海道農政事務所および沖縄総合事務局農林水産部のそれぞれに設置。

（8） 厚生労働省の制度として、研修を受け資格を取得した専門家（ジョブコーチ）が、障がい者が職場に適応できるよう、障害者職業カウンセラーの策定した支援計画に基づき、職場に出向いて直接支援を行うジョブコーチ制度がある。静岡県ではこのジョブコーチ制度に、さらに農業講座を設け、修了した者を「農業ジョブコーチ」としている。

（9） 静岡県・浜松市の「農業ジョブコーチ」と同様の制度であるが、同様の制度を設ける他県の多くは「農業ジョブトレーナー」と呼ぶことが多い。

# 第３章

# 事例にみる
# 農福連携の多様な展開

採卵鶏を飼育し、卵を生産（福島県泉崎村・こころん）

## ◆農福連携の広がり

ここでは、農福連携がどのように繰り広げられているのかについて紹介する。まずは障がい者が就農する事例、さらに生活困窮者、引きこもり、出所受刑者などが農林業に就労する事例を報告していく。

そのうえで農福連携の実施主体、就農者・支援者などの実情を検討し、働く場と機会がどのように提供されているかについて明らかにしていきたい。

### 地域農業を支える社会福祉法人
#### 社会福祉法人白鳩会

社会福祉法人白鳩会《しらはとかい》（以下、白鳩会）は、大隅半島の先端に近い鹿児島県肝属《きもつき》郡南大隅町にあり、人口8815人（2010年〈平成22年〉国勢調査）、65歳以上が43・3％という超高齢地域にある。町の基幹産業は農業で、鹿児島市内に出かけるには車や船を使う。

白鳩会は1972年に設立され、地域の知的障がい者の生活と就労の受け皿を提供している。住む場としてのグループホーム、ケアホーム事業に取り組み、就労の場としての就労移行支援事業、就労継続支援A型事業（一般の企業等での就労が困難で、かつ雇用契約による就労が可能な者への就労機会の提供、就労訓練を行う事業）、就労継続支援B型事業（一般の企業等での就労が困難で、かつ雇用契約による就労が難しい者への就労機会の提供、就労訓練・支援を行う事業）をしている。さらに農事組合法人も運営している。

白鳩会は、約230人の障がい者が、約120人の職員の支援を得て生活し、生活訓練や就労訓練をしている。

就労訓練後の障がい者の働く場として、農事組合法人根占《ねじめ》生産組合（以下、組合）を1978年（昭

ニンニク畑

農場で生産したニンニク

鹿児島市内のアイスクリーム製造・販売店

茶畑

和53年）に設立した。障害者福祉事業所が農業法人を設立する例としては、極めて先進的である。現在、障がい者15人、健常者８人が従事する。

白鳩会と組合の障がい者は、同じ作業現場で同じ農産物を生産している。だが、それぞれ異なる作業をしたり、同じ作業をすることもある。

全体の耕作面積は23haにのぼる。このうち茶が８ha、大豆４ha、ニンニク４ha、飼料畑３・５ha、水田２ha、トマトのビニールハウス栽培が０・６ha、葉物野菜の水耕栽培施設１６００㎡。年々規模を拡大している。

また、母豚１４０頭（年間子豚２０００頭出荷）、生産牛40頭（年間子牛25頭出荷）を飼育している。主な農作物は、茶や花苗、豚、肥育牛、ブルーベリー、大豆、ニンニクなど。近年、水耕栽培を導入した葉物野菜の周年栽培、ニンニク栽培の規模拡大や高付加価値トマト栽培を試みている。

農作物を使った加工・販売の６次産業化にも早くから取り組んでいる。豆腐や餃子、アイスクリーム、ハムなどを生産し、鹿屋《かのや》、鹿児島の両市内に豆

障がい者による重機操縦

腐工場やアイスクリーム製造販売所、複数のアンテナショップを出店している。

白鳩会と同会が設立した組合は、知的障がい者が職員とともに多様な作業に従事している。一般的に、知的障がい者は同じ動作の反復作業が得意と認識され、管理業務や機械の操作など多くの判断を必要とする作業は難しいとされている。

しかし、白鳩会と組合では実にさまざまな作業に従事している。例えば、障がい者が草刈り機を操作したり、茶葉を収穫する重機を操作したりしている。障害程度が軽度だけではなく、中度の人も操作している。また、食肉加工所では枝肉を処理するところで刃物を使って解体している。豚の出産でも、障がい者が職員をサポートして夜中の作業にも加わる。薬品や機械の管理、作業管理などは職員が行うが、それ以外の多くの作業を障がい者が行っている。

ここに知的障がい者の新たな可能性を見出すことができる。これまでは身体障がい者や精神障がい者の方が、判断が必要な作業や一定のリスクのある作

ハンバーグの製造。食品加工、販売にも力を入れている

業はできる、と考えられてきた。だが、彼ら（知的障がい者）のやる気を引き出せれば、さまざまな役割を担ってもらうことができる。

白鳩会では、障がい者自らがさまざまな作業にチャレンジすることを希望し、失敗を繰り返しながらも、技術を習得していったのである。

白鳩会の経営規模や障がい者数、職員数は、現在も増え続けている。地域では少子・高齢化が進み、農業の担い手が急速にいなくなっている。今、耕作放棄地の管理が課題となり、その受け皿は白鳩会と組合になっている。法人の規模拡大は、地域での健常者の雇用機会創出にもつながっている。

しかし、こうした社会福祉法人が地域で競合せずに今後とも持続的に発展していくには、地域住民や農家、ＪＡなどとの十分な意思疎通と連携を図っていくことが重要となる。法人運営は障害者総合支援法の給付金などで担保されてはいる。しかし、社会保障費が拡大する中で、制度資金に依存しない自立運営を目指している。早くから６次産業化を試行する、経営センスの高い法人なのである。

## 耕作放棄地を自然栽培で田畑・樹園地に復元

### ㈱パーソナルアシスタント青空

株式会社パーソナルアシスタント青空（以下、青空）は愛媛県松山市の市街地を中心に、障がい者の就労を支援する就労継続支援B型事業（以下、B型）、介護を行う居宅介護事業・重度訪問介護事業、障がい児のための放課後などでのデイサービス事業・児童発達支援事業、そして高齢者ための訪問介護事業、福祉タクシー事業に取り組んでいる。

代表の佐伯康人氏は三つ子の父親だが、3人とも出生時に重度の脳性まひを持った。そのため、佐伯夫婦は仕事や家事も困難になった。地域住民約50人が「三つ子ちゃんを支える会」をつくり、家事や介護を手伝った。

佐伯氏は、障がい児や障がい者によりよい支援を行うため、自ら福祉サービス事業に乗り出すことにした。次に、障がい児が育ったあとの働く場としてB型に着手。仕事として「農業」を始めた。農業を選んだ理由は、障がい者からの要望であったことと、かつて自分たちを支えてくれた地域の人たちが高齢化し、農地管理ができなくなったためだ。

B型は、身体・知的・精神の障がい者20人と社員6人、一般の農業研修生4人が農産物の生産・加工・販売に従事している。水田3ha、畑4ha弱、樹園地4haを管理し、平坦地や山間地の耕作放棄地を

パーソナルアシスタント青空

低木の生えた耕作放棄地を畑に復元

雑草と一緒に育つ大豆

中心に無償か年間１万円（10ａ当たり）ほどで借りている。米や野菜80種類、柑橘類５種、梅などを栽培。障がい者の作業は月～金曜まで、７～15時で行っている。

青空は無農薬・無肥料の自然栽培を採用し、慣行農法で使う生産資材は購入の必要がほとんどない。また、機械も使わず、その手間を障がい者が行うので、付加価値の高い農産物生産を実現している。さらに生産のほか、農産物加工、自営の直売所やネットでの販売、スーパー、通信販売業者への直接販売などで、高い売り上げを実現。月額賃金は平均５万円に達する。

自然栽培は耕作放棄地の再生を容易にし、生産コストが削減でき、障がい者の障害特性に合わせた多様な作業があり、高い商品価値を生み出している。青空は「障がい者や農業、地域を支える社会的企業」の株式会社だ。今後は、福祉の中での健常者雇用・仕事づくりを目指している。

# 世界水準の商品を生産する

## 社会福祉法人こころみ学園

2000年（平成12年）7月に開かれた九州・沖縄サミットで、各国首脳を迎えた晩餐会の乾杯では、日本産スパークリングワインが振る舞われた。08年（平成20年）7月の北海道洞爺湖サミットでの首相夫人主催の夕食会でも、同じ醸造所の赤ワインが利用された。

そのワインをつくったのは栃木県足利市の有限会社ココ・ファームワイナリー（以下、有限会社）。知的障がい者が入所・通所し、生活訓練や就労訓練をする社会福祉法人こころみ学園（以下、学園）を母体とした会社なのである。

1958年（昭和33年）に初代園長（当時は特殊学級担任）が、最大斜度38度の急斜面を特殊学級の生徒たちと開墾し、ブドウ栽培を始めた。学園は1969年（昭和44年）に設立され、1980年（昭和55年）に学園を利用する障がい者（園生）の保護者が2000万円出資して有限会社を設立。1984年に酒税免許を取得し、ワインの製造と販売を開始した。

障がい者らは、施設のある山で約3ha、近隣の山・休耕田などで約2・5haのブドウ栽培をしている。有限会社は障がい者が栽培した学園のブドウを買い取り、さらに足りない原料は他県などから購入してワインをつくっている。

有限会社は約10人の従業員と学園の障がい者30人ほどが、製造工程に従事している。ワインの年間生産量は16万本にものぼる。そのうち自家生産したブドウでつくられるのは約4万本だ。

より質の高いワインを目指して、米国から醸造技術者を招いたり、スパークリングワイン製造ではフランス・シャンパーニュ地方と同じ手法を取り入れたりしている。この方法はオリを除去するため、繰り返し手間をかける作業が要求されるが、障がい者

ブドウを収穫する

ワインづくりの作業を担う

世界水準のスパークリングワインとワイン

の特性に向いていた。栽培では障がい者が鳥や虫を追い払い、収穫作業を行っている。

このおいしいワインとブドウ畑の景色を求め、毎年11月日曜とその前日の土曜日に開かれる「収穫祭」には、県内外から多くの人が訪れる。2015年は雨の中、約1万人がワインを飲んで楽しんだ。

学園での重度知的障がい者の農作業が、重度障がい者の就労可能性を示すモデルといえる。実際、その影響を受けた国内の障害者福祉事業所は多い。

## 県・協議会・JA連携によるマッチングの取り組み

### NPO法人香川県社会就労センター協議会

特定非営利活動法人（NPO法人）香川県社会就労センター協議会（以下、協議会）は、県内の障害者福祉事業所の就労を事業支援する。県は2008

キャベツを収穫

年（平成20年）に「香川県工賃増額支援計画」を定め、障がい者の労賃向上を目指す中で「農業分野への参入プロジェクト」を発足させて着手。県の健康福祉部は障害者福祉事業所に、農政水産部は農家などに情報提供し、農作業と障がい者をマッチングさせる。実際には、協議会が県からマッチング業務を受託し、農業担当のコーディネーター2名を配置して取り組んでいる。

ＪＡが農業者側の作業依頼を協議会に伝え、コーディネーターは依頼内容をまとめ、障害者福祉事業所に参加する障がい者を募る。協議会は農家から一括して作業を請け負う形で、農業法人の場合は協議会と協議して契約。作業の具体的な段取りは、ＪＡや農業法人がコーディネーターと調整し、障がい者が作業する。作業単価は協議会がＪＡなどと話し合って決める。時給ではなく、作業面積当たりの出来高払いとしている。

09年（平成21年）度に琴平町内のニンニク収穫で試験的に開始。翌年度から本格化し、6戸で計0・9haのニンニク農家から依頼があった。それが4年

タマネギの選別、調製作業

図３－１　障がい者への農作業支援の取り組み

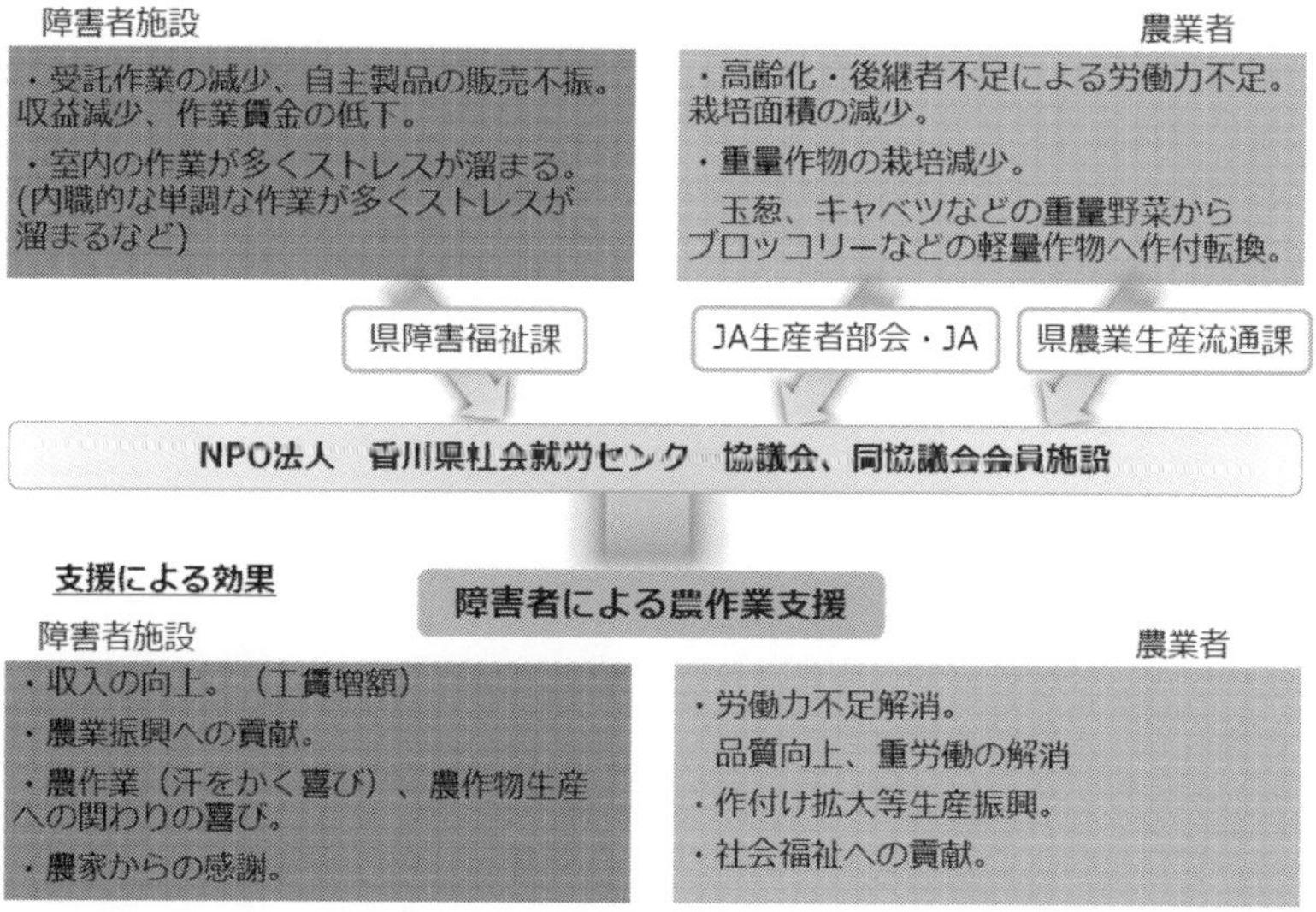
障害者施設
・受託作業の減少、自主製品の販売不振。収益減少、作業賃金の低下。
・室内の作業が多くストレスが溜まる。(内職的な単調な作業が多くストレスが溜まるなど)
農業者
・高齢化・後継者不足による労働力不足。栽培面積の減少。
・重量作物の栽培減少。
玉葱、キャベツなどの重量野菜からブロッコリーなどの軽量作物へ作付転換。
県障害福祉課
JA生産者部会・JA
県農業生産流通課
NPO法人　香川県社会就労センタ　協議会、同協議会会員施設
支援による効果
障害者による農作業支援
障害者施設
・収入の向上。（工賃増額）
・農業振興への貢献。
・農作業（汗をかく喜び）、農作物生産への関わりの喜び。
・農家からの感謝。
農業者
・労働力不足解消。
品質向上、重労働の解消
・作付け拡大等生産振興。
・社会福祉への貢献。

出典：香川県社会就労センター協議会

ニンニクの収穫作業

目の13年（平成25年）度には約40戸で33haに達した。年間延べ参加利用者（障がい者）数は、11年（平成23年）度の1283人が、13年（平成25年）度には5936人に拡大している。

作業内容もニンニクの収穫だけでなく他の多様な作業に広がったり、タマネギやキャベツなどにも対象を広げている。現在、県内94障害者就労事業所中の23事業所が参加し、すでに3人が農業法人への就職を果たした。

事業所側には障がい者の仕事探しや賃金交渉はしないで済み、販売は農家や農業法人が行う。農業側はJAや協議会に依頼すると作業者をあっせんしてもらえる。障がい者も新職域の開拓、地域住民との交流、以前より高い労賃を実現している。

県がマッチングのための費用を支出し、協議会が事務局機能を担い、事業所側とJA側とを結びつける。現在は、共同受注窓口運営員会を設立し、関係機関の連携を図っている。地域の行政と農業団体、福祉団体が連携し、障がい者と農業をうまく結びつけた事例である。

# 企業の特例子会社による障がい者雇用と農業

## ㈱サニーリーフ彦根農場

滋賀県を中心に141店舗を展開して総合小売業を営む株式会社平和堂（彦根市）の、特例子会社である㈱サニーリーフ彦根農場（以下、サニーリーフ）は、農地ではなく生糸工場の跡地を借り、野菜の水耕栽培に取り組んでいる。

当初は、農地での温室栽培を目指した。しかし、予定期間内での調整がつかなかったため、平和堂と関係のある平和観光開発が所有する当該地を借りて2013年（平成25年）3月から水耕栽培をスタートした。

主な作目は薬味ネギやリーフレタス、フリルレタス、サラダ菜、セロリ、春菊など。最終的には年間40tの出荷を予定している。現在はまだ試験的な段階だが、徐々に生産量は安定してきている。

施設整備の費用は全体で2億円。そのうち1億円は助成金、残りは平和堂より融資を受けている。常勤役員の2人は平和堂から出向の形をとっている。従事する15人の障がい者への時給は730円、3人の社員は800円、シニア社員は730円で、雇用保険や社会保険（厚生年金、協会健保）を適用している。

週休2日制で、日曜日は休み。その他に交代で平日に1日休むようにしている。1日の作業は「標準

選別・包装などを行う作業場

薬味ネギの水耕栽培

作業割当表」で、30分ごとに決められている。朝、事務所で全員が1日の作業を確認。作業場にもその紙を貼り出し、つねに確認できるようにしている。

生産物は全量を平和堂へ出荷している。名神高速道・彦根インターチェンジ近くの平和堂の集配センターに農産物を運び、センターから他の商品と一緒に各スーパーへ配送してもらう。近くの平和堂スーパーには直接運んでいる。

サニーリーフは親会社がスーパーなので、生産した全量を販売できる大きなメリットがある。また、施設のイニシャルコストの負担や常勤役員の人件費などは、親会社との関係性を生かしながら、会社としての自立経営を目指している。

数か所の生協は特例子会社を設立し、食品加工や農産物生産をしている。同様に、ＪＡも設立が可能だ。ＪＡには生産から販売まで、ノウハウ・情報・施設・設備・人材などがあり、実現できる高い潜在力がある。

## ニート、引きこもりへの農業活動によるケアと訓練

一般社団法人日本青少年育成協会
NPO法人サポートセンターゆめさき　ほか

わが国では15～34歳の非労働力人口のうち、ニート（仕事に就いておらず、教育や職業訓練も受けていない人）は約60万人いる。実は、この中にも発達障害などを抱える障がい者が多数いる。こうした若者の就労相談や支援をする厚労省の認定事業「若者サポートステーション」（以下、サポステ）は、全国に160か所設置されている。

沖縄県にはサポステが3か所あり、その一つの一般社団法人日本青少年育成協会（以下、協会）が運営する「地域若者サポートステーション沖縄」では、①電話やパソコン（PC）の相談や訪問者への相談対応、②セミナーなどの開催、③心理カウンセリング、④相談員が出向いて相談対応、⑤PCなどの訓練――をしている。

また、「若者サポートステーション琉球」を運営するNPO法人サポートセンターゆめさき（以下、ゆめさき）は、①サポステ事業、サポステで対応困難な人を支援する県委託の「絆」再生事業、②不登校・引きこもり支援事業、③障害児デイサービス事業などに取り組む。若者の生活・就労の訓練、居場所づくりをしている。両法人は協力して問題を抱えた若者にさまざまな支援をしてきた。

ゆめさきは、約2300㎡の耕作放棄地を借り

若者サポートステーション沖縄

サポートセンターゆめさき

農場（水田など）と自分たちで建築した小屋

て、野菜や果樹、黒米の生産をしている。毎週水曜を「農業の日」とし、子どもや障がい児、サポステ利用者などが農作業に従事、リハビリテーションや生活・就労訓練を行っている。

さらに協会とともに2009年（平成21年）から若者自立支援に取り組むNPO法人ウヤギー沖縄は、ローゼル（熱帯・亜熱帯地域で栽培され茶・酒・ジャムなどに利用する樹木）や黒米などの生産・販売、遊休農地を使った有機農法による農作物栽培をしてきた。現在は約3000㎡の土地を借りて、沖縄産コーヒーの生産・加工・販売による若者の就労支援をしている。

人口3900人の秋田県藤里町では、18～55歳の町民の8・74％が引きこもりであった。他の農村でも同じようにこうした人々がいる。人材として農業で雇用すれば新たな担い手となる。近年、全国のサポステで農業活動によるリハビリテーションや訓練が散見される。今後、ますますニートや引きこもりに対する農業活動の取り組みが期待されている。

# 生活困窮者、引きこもり等による林業への就労

日本労働者協同組合

ＮｅｘｔＧｒｅｅｎ但馬（以下、ＮＧＴ）は、兵庫県豊岡市で、日本労働者協同組合（以下、労協）の事業として、林業に取り組んでいる。

低成長時代に、多くの日雇い労働者が失業した。その中で自ら仕事をつくり、出資し、運営するために組織化してきたのが労協だ。だが、近年、就職できない若者が増え、派遣社員やアルバイトなどの不安定な雇用の若者が増えている。

こうした中で労協が注目しているのが農業と林業だ。労協は２００９年（平成21年）から、豊岡市で若者サポートステーション（厚生労働省事業）を運営し、12年（平成24年）には兵庫県の公共職業訓練を受託し、「新エネルギー環境コース」を開講。10月から5か月間、就労訓練の講習会を開いた。

その受講者を中心に２０１３年春に組織したのがＮＧＴ。労協は、フード、エネルギー、ケアを地域自給する「ＦＥＣ自給圏構想」を掲げ、その中で、林業による仕事づくり・地域づくりの全国展開を目指している。ＮＧＴの活動を2年間のＦＥＣ自給圏構想のモデル事業として推進している。

事業内容は、①間伐と作業道整備による補助金収入と間伐材（用材・薪など）の販売収入による「自伐林業」事業、②間伐材（薪）を活用したバイオマ

NextGreen但馬

林道の整備

間伐作業、林道整備などを担うメンバー

スエネルギー事業だ。このほか養蜂にも取り組み、さまざまな仕事づくりを行う意味で「森の百業」を掲げている。

現在、講習を修了した元派遣社員、引きこもっていた若者、公募に応じてきたIターン者、子育て中の主婦が中心となり、主に自伐林業に取り組んでいる。彼らを指導する林業家によると、「年間5haを間伐と林道整備ができれば、3人は生活が可能」ということである。

わが国の森林は国土の66%を占め、戦後拡大造林された林は樹齢60~70年となり、伐期を迎えている。伐採のニーズは高まっているが、人手がない。そこで、就労モデルができると、就職できない若者や派遣・アルバイトなどの不安定雇用の若者が、新たな林業の担い手、新たな定住者となる可能性が生まれる。

# 受刑者の農業による社会復帰訓練への取り組み

**島根あさひ社会復帰促進センター　ほか**

わが国では、2011年（平成23年）の一般刑法犯の検挙者数のうち精神障がい者など（疑いのある者を含む）は3091人と1・01％占めている（警察庁調べ）。裁判で実刑となると刑務所で服役となるが、出所後の再犯を防ぐためにも服役中に社会性を身につけ、経済的自立につながる職業訓練が重要な意味を持つ。

こうした中で、法務省は、主に少年院の仮退院者の改善更生を目的に、農業実習に励みながら、自立を目指す、沼田町就業支援センターを北海道沼田町に07年（平成19年）に開所した。法務省と厚労省、農水省が連携し、法務省が宿泊施設を整備・運営し、厚労省と農水省が農業の職業訓練と就労支援をしている。定員は12人、期間は6か月～1年程度。農業実習は週5日、8時30分～12時、13時～17時30分の規律正しい堅実な生活を送りながら、シイタケ、イチゴ、トマトなどの栽培や肉牛肥育、対面販売を実習し、退所後の就労に備える。

さらに規則の順守や役割分担、共同生活などを学ぶ生活指導、運転免許取得などの社会技能訓練もしている。センターの地元市役所やハローワーク、JAが連携して就労への支援を行う。また、社会貢献活動にも参加させ、他者と交流して社会性を養う取り組みもしている。出所後、少年らが農業関係の仕

援農している農場（島根あさひ社会復帰促進センター）

農作業をする施設外の新開団地（島根あさひ社会復帰促進センター）

図3－3　茨城県就業支援センター取り組み

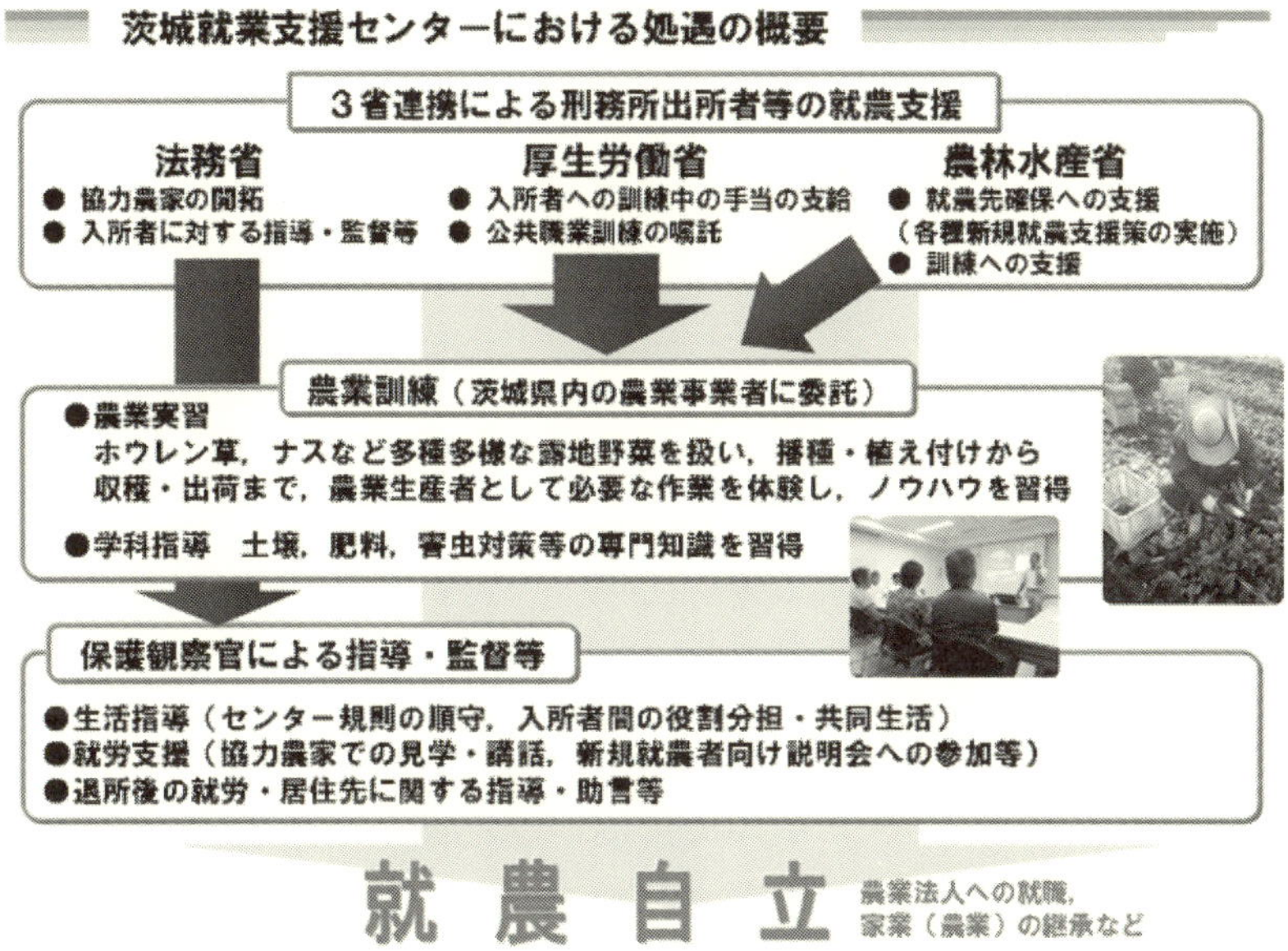
茨城就業支援センターにおける処遇の概要
3省連携による刑務所出所者等の就農支援
法務省
● 協力農家の開拓
● 入所者に対する指導・監督等
厚生労働省
● 入所者への訓練中の手当の支給
● 公共職業訓練の嘱託
農林水産省
● 就農先確保への支援
（各種新規就農支援策の実施）
● 訓練への支援
農業訓練（茨城県内の農業事業者に委託）
●農業実習
ホウレン草，ナスなど多種多様な露地野菜を扱い，播種・植え付けから
収穫・出荷まで，農業生産者として必要な作業を体験し，ノウハウを習得
●学科指導　土壌，肥料，害虫対策等の専門知識を習得
保護観察官による指導・監督等
●生活指導（センター規則の順守，入所者間の役割分担・共同生活）
●就労支援（協力農家での見学・講話，新規就農者向け説明会への参加等）
●退所後の就労・居住先に関する指導・助言等
就農自立
農業法人への就職，
家業（農業）の継承など

資料：法務省ホームページ

事に就いて、自立することを目指している。

このほか仮釈放の成人男性を対象とした農業実習による自立を図る「茨城就業支援センター」を09年（平成21年）に開設（**図3－3**）。定員12名で原則1年間入所し、露地野菜の生産を行う。退所時には、当人が住むための住居を地域内に確保したり、働く場として地元の農業法人などへの就労を、厚労省・農水省の協力の下で支援している。

さらに受刑者の更生と社会復帰を民間と地域と「共に創る」ことを目指す、島根あさひ社会復帰促進センター（刑務所）では、過疎化・高齢化の進む地域において、豊かな自然を生かし、協力を得た地元農家に出向いての農作業や露地やハウスでの野菜生産などを刑務作業として行っている。

取り組みは始まったばかりだが、受刑者、とりわけ精神障がい者や知的障がい者は農業との親和性が高いといわれている。受刑後の職域開拓につながる可能性がある。こうした人々へのケアや訓練のために、農家が農業体験や農業実習などの「農的サービス」を提供できれば、農家の新たな収入の機会がつくれることになる。

# 農福連携の実施主体と形態

事例でみてきた取り組み形態について、どのような主体が、どのような人々と、どのような仕事や農業生産に従事しているのかを整理する。

## 取り組みの実施主体別

農福連携に取り組む実施主体者別にみると、主として農業サイド、福祉サイド、企業サイド、ソーシャルファーム等に分かれる。

**農業サイド**

農業サイドでは、農家や農業法人等による事業として取り組むものである。多くは農家や農業法人等による障害者福祉事業所への農作業委託であり、農作業の一部を委託したり、場合によっては耕作放棄地にしないために農地管理を依頼することもある。障がい者の雇用については、経営規模の小さな農家や農業法人では難しいが、比較的規模の大きな法人などでは雇用している。

このほかに、農業生産に取り組む事業所へ農業生産者等が農業技術指導を行うこともある。一部では県やJA等の職員が指導するケースもある。

**福祉サイド**

福祉サイドでは、事業所の食材の自給のために取り組むところが多く、次いで販売のための農業生産に事業として取り組むところが多い。さらに近年、農業サイドからの作業受託も増えている。

販売のための生産では、事業所の敷地内で取り組む場合と土地を借りて取り組む場合がある。

**企業サイド**

企業サイドでは、企業が特例子会社(1)を創設し、その中の事業として農業生産に取り組むものと、企業本社が新たに事業として農業に取り組むものに分か

図３－４　農福連携の実施主体者

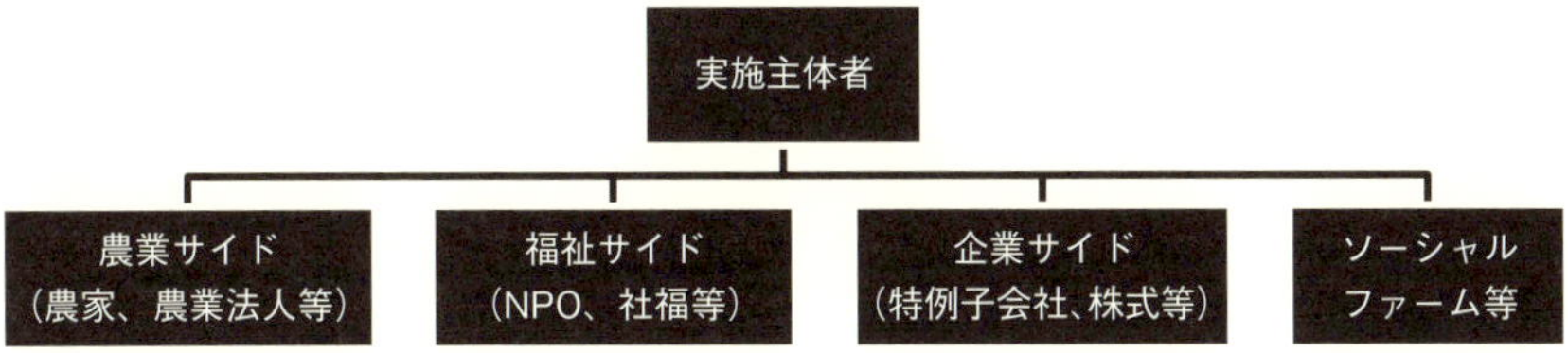


資料：著者作成

れる。いずれも障がい者を一般就労させるものである。

### ソーシャルファーム等

ソーシャルのファームは農場の意味のfarmではなく、企業の意味のfirmで、一般に多様な働く場をつくる「社会的企業」のことを指す。営利を使命としない、株式会社・NPO等の法人が社会課題を解決することを使命とし、税金に頼らない自立した事業を行う組織である。

社会的な包摂（セーフティネット）から漏れた、いわゆる社会的弱者が、自分たちで働く場をつくり、事業を実施するものである。

わが国ではまだまだ少ないが、こうした取り組みへの広がりが期待されている。[2]

## 農作業に取り組む人々

さまざまな実施主体者のもとで農作業に取り組む人々は、管理・指導を中心に行う事業所の職員や農業作業にかかる支援者、それに主に従い作業をする障がい者、それ以外の「障がい者」、その他の人々である。

「障がい者」は、身体障がい者・知的障がい者・精神障がい者という認定を受け障害者手帳や疾患を有する障がい者、さらには要介護認定者、そして難病を患う人々や障害者認定を受けていないが何らかの障害を有する生活困窮者・生活保護受給者・引きこもり・出所受刑者などである。その他の人々というのは、「障がい者」以外の社会保障制度などのセーフティネットから抜け落ち、その他の「キョードーする人々」（詳細は後述）である。

## 取り組みの就労形態別

取り組みにかかる就労形態の種類でみると、前述のように大きく福祉的就労、一般就労に分かれる。

福祉的就労というのは、厚生労働省の障害福祉サービス事業における就労移行支援事業、就労継続支援A型事業、就労継続支援B型事業での就労・就労訓練に分かれる。これは国からの報酬を得た事業所が障がい者のための就労・就労訓練の機会を提供するものである。

一般就労というのは、障害福祉サービス事業以外でのいわゆる一般企業等における雇用である。国からの報酬はなく（一定の条件を満たせば、助成金を受けることは可能）、健常者と同じ条件で雇用をするものである。

このいずれかの中で農業が行われている。

## 取り組みの業務別

取り組みの業務形態は、事業所内業務と受委託業務に分かれる。

事業所内業務は、事業所や農業法人等の業務として受委託せずに事業所内において取り組みを完結させるものである。それに対して受委託業務というのは、農作業の一部を農業サイドと福祉サイドとの間で受委託する業務である。例えば、農家が事業所へ収穫作業を委託するなどの場合である。その反対のケースもある。

## 生産する農産物の種類、範囲、特徴

生産する農産物は、穀物、野菜、果樹、花卉、キ

原木シイタケのほた場

ハウス内で採卵鶏を平飼いで飼養

ノコ類、牛、豚、鳥など、実に多様である。

事業所では、花苗、野菜、キノコ類、水耕栽培での葉物野菜生産などに取り組むことが多い。農家・農業法人でも、さまざまな農産物を生産している。企業では、水耕栽培での葉物野菜生産に取り組むことが多い。

近年では、農業だけでなく、林業、水産業に取り組むケースも出てきている。さらには木材によるバイオマスエネルギーといったエネルギー産業に取り組むケースも出てきている。

そのほかの特徴としては次のような傾向がある。福祉サイドが取り組む場合、農薬や化学肥料を用いる慣行栽培より環境や健康に影響が少ない有機栽培に取り組むことが多い。農業サイドが取り組む場合は、慣行栽培および有機栽培などさまざまである。企業サイドでは化学肥料で栽培する水耕栽培が多い。ソーシャルファーム等は取り組みがまだまだ多くはないが、事業所と比較的近い栽培を行っていると考えられる。

## ◆農福から農福＋α連携へ

### 農福から農福商工連携へ

これまで本書の中で、障がい者の農業分野における就労（就労訓練を含む）という農福連携の概念、その実際の取り組みである農福連携の事例についてみてきた。また、広がる農福連携として、引きこもり、生活困窮者、受刑者等の「福」の取り組み事例について紹介した。

この中では社会福祉法人白鳩会、NPO法人パーソナルアシスタント青空、社会福祉法人こころみ学園などのように、単に農業生産だけを行うのではなく、生産した農産物を事業所内で食品等に加工する加工事業、そして農産物や加工食品をアンテナショップやネットなどで直売するという販売事業、さらには自営のレストラン運営などの飲食店事業といった6次産業化に取り組んでいた。

実は、こうした第一次産業、第二次産業、第三次産業を行う取り組みを「農福商工連携」という。

農福商工連携を行うことによって、より多くの売り上げをあげること、さまざまな働く機会を創出すること、新たな付加価値の高い商品を開発すること、冬期や農閑期の仕事を確保することなどが可能となる。

農業生産だけでは、より工賃を向上させたり、継続的に農業生産を行っていくことは難しいといえる。それは農家をみてもわかるように、農業生産だけでは経営的に厳しい側面があるため、商工を連携させることによって多様な売り上げの機会をつくることが必要であるからだ。

また、商工を連携させることによって、障がい者等に多様な働く場を提供することが可能となる。第1章で、農の福祉力について障がい者の障害の状況や心身の状況に高い効果があるということを示したが、実は障がい者によっては「虫が嫌い」「土が嫌い」という者もいるし、「接客が好き」「建物の中が好き」な者もいる。また、農作業は自然の中の肉体労働であるため、体調が崩れること、あるいは高齢化によって思うように身体が動かなくなることがある。このようなときには、本人の希望、心身の状態に合わせた作業を提供していくことができる。

農福連携を持続させ、さらに展開していくためには「農福商工連携」は極めて重要な取り組みとなる。ただし、前述の事例の「農福商工連携」は事業所内の自己完結型の、いわゆる「事業所内型農福商工連携」という。

## 「地域型農福商工連携」の実現

近年、事業所を飛び出し、地域の多様な主体と6次産業化による連携を図る取り組みが広がりつつある。例えば、それは事業所が地域の農家等が生産したものを販売したり、農家が生産した農産物を事業所が加工したり、さらに地域の中小企業等が事業所が生産した農産物や加工食品を販売したりといった取り組みである。

つまり、事業所が就労（就労訓練を含む）を通して、農業や農山漁村地域の経済や生活を支える担い手となるのだ。障がい者や事業所が農業生産だけでなく、加工、サービス提供などを行うものだ。それは「地域型農福商工連携(3)」という。ここでは、農福商工連携を中心に農福＋α《アルファ》連携の取り組み事例をみていく。

## 農家の生産した農産物を販売

### 社会福祉法人こころん

社会福祉法人「こころん」（以下、こころん）は福島県の中通り地区南部の西白河郡泉崎村にある。こころんは農業生産に取り組み、生産物を加工し、自営の直売所を開き、販売まで行っている。

２００２年（平成14年）に、特定非営利活動法人（ＮＰＯ法人）「こころネットワーク県南」として設立。11年（平成23年）に社会福祉法人格を取得してこころんとなった。

こころんは泉崎村周辺の精神障がい者を受け入れ、生活と就労訓練、就労の場を提供している。職員は常勤20人、パート16人で、障がい者約１３０人がさまざまな事業を利用している。

就労系障害福祉サービスとして、就労移行支援事業と就労継続支援A型事業（以下、A型）、さらに就労継続支援B型事業を行っている。

A型は、地域で高齢化した農家から引き継いで採卵鶏を飼育し、卵生産をしている。A型とは、障害者総合支援法に位置づけられる事業のことだ。一般企業等での就労が困難な障がい者と雇用契約を結び、最低賃金を支払い、障がい者に就労の場を提供し、報酬を得る事業である。

こころんの施設

独自の飼料による鶏卵

当初、養鶏農家がこころんの障がい者（利用者）一人、二人を受け入れ、農家は技術指導し、こころん職員は調整や相談を行い、利用者は給餌・集卵・卵選別作業をした。農家は法人と契約を結び、時給６５０円を支払った。だがその後、農家が高齢となり、後継者がいないため、法人が養鶏事業を引き継ぐことになった。

現在、２０００羽を職員4人と障がい者2人で飼育している。飼料は海産物を加えた独自のものを使い、「海源卵」として通信販売やこころんの経営する直売所で販売。障がい者の賃金は平均8万３０００円にも達している。

A型の施設外就労として当初、農家には担い手不足への対応、障がい者には新しい働く場として、農家とこころんで作業受委託契約を結び、こころんが障がい者に賃金を支払う形で行われた。だが、農家がリタイアし、地域資源を引き継ぐ受け手として福

直売カフェ「こころや」

採卵鶏を飼育し、集卵・卵選別

「こころや」の売り場

祉側がその役割を担うことになった。

福祉側が農業側の課題解決に取り組み、その中で福祉側が農業参入していった事例といえる。

こころんは、養鶏事業の他、就労継続支援B型事業（障害者総合支援法における、一般の企業等での就労が困難で、かつ雇用契約による就労が難しい者への就労機会の提供、就労訓練・支援を行う事業。以下、B型）として、約1haの畑で野菜生産している。さらに、直売所「こころや」（以下、「こころや」）を開設し、運営している。

「こころや」は、231㎡（70坪）の売り場で、こころんが生産した卵や野菜、パン、ケーキ、クッキーを販売するとともに、地元農家が栽培した農産物や地域の食品製造業者が生産した加工食品も販売している。また、カフェも併設して買い物客などが飲食できるようにしている。さらに、移動販売車による販売も行っている。

この結果、現在、「こころや」に出荷しているのは農家120戸、食品製造業者50を数え、地域で生産された商品を地域で消費する、新しい地産地消の

移動販売車による販売

販売チャネルになっている。

販売額の15％が「こころや」の収入となり、１か月の売り上げは「直売所」「カフェ」「移動販売」を合わせると、５００万円にものぼる。移動販売では、仮設住宅や高齢者世帯に食料などを販売している。

障がい者にとっては、農業だけでなく、加工や販売という多様な働く機会を得ることにつながると同時に、地域住民との多様な交流場面をつくり出すことにもなっている。農家や食品製造業者には、新たな販路となっている。また、カフェや直売所は、地域の高齢者には障がい者を含む地域住民とのコミュニケーションを図る重要な場にもなっている。移動販売は交通手段が限られた住民への買い物支援になっている。

つまり、福祉側が６次産業化に取り組み、地域の農業生産に関わる課題解決に役立つだけでなく、地域住民の生活課題の解決にも貢献しているのである。ここに少子・高齢化する地域において、障がい者が地域の役に立つ姿がみえてくる。福祉が地域を支える可能性を示している。

# 地域主体の連携で取り組む

社会福祉法人進和学園

社会福祉法人進和学園（以下、進和学園）は神奈川県平塚市にあり、障がい者の就労・就労訓練の場として就労系施設「しんわルネッサンス」を開設し、就労継続支援Ａ型（以下、Ａ型）・就労継続支援Ｂ型（以下、Ｂ型）・就労移行支援事業（以下、移行）を実施、もう一つの就労系支援施設「サンメッセしんわ」では就労継続支援Ｂ型事業を実施している。

そのほか障がい者や障がい児の生活の場として、施設入所支援・短期入所・生活介護・共同生活援助・放課後等デイサービス、一般の子どもなどを対象にした保育園、自主製品を販売するショップ、喫茶店などを運営。障がい者約４６０名が職員約３０0名により生活・就労に関する支援を受けている。

進和学園は地元のＮＰＯ法人・ＪＡ・行政等と連携し「農福商工連携」、そして林業に取り組んでいる。農家が生産したトマトのＤ級品をＪＡから購入し、事業所内の食品加工機械で加工し、地域ブランド商品として直売所やスーパーなどで販売している。また、農家の依頼を受け、小ロットでもトマト加工のＯＥＭ（相手先商標製品）生産を行う。さらに、広葉樹の苗生産・育樹も行う。

進和学園は１９５８年に障がい児の児童施設として開設された。障がい児が成長するにしたがい、就労する場や就労訓練する場が必要となったため、74年に進和職業センターを設立した。当時、学園の理事と交流の深かった本田宗一郎氏らの協力を得て、本田技研工業株式会社（以下、ホン

しんわルネッサンスの施設

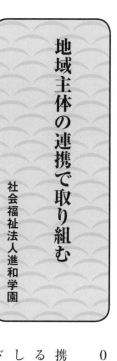

地場産ミカンの搾汁

ダ）から自動車部品の製造・組立業務を受託。当時としては先進的な授産事業であり、業務を円滑に進めるために、同年、ホンダ・部品メーカー約60社との窓口・仲介、営業、事務などを専門に行う株式会社研進（ホンダと進和学園の一字を取り命名。以下、研進）を設立。2006年に「しんわルネッサンス」に移転している。

より高い品質管理の実現のためISO9001を取得し（障がい者も組織員）、検品のためのオリジナル治工具を開発した。その結果、A型では月額平均賃金約14万円、B型・移行では約4万円という高い賃金を支払うまでになった。だが、リーマン・ショックで仕事量が半減。そこで新たな職域を求め、さまざまな事業開拓を行った。その一つが農業生産、そして食品加工事業であった。

当時、地域では中小企業経営者20名ほどが設立したNPO法人湘南スタイル（以下、湘南スタイル。2005年設立）が、農業支援や特産品開発等による地域活性化に取り組んでいた。湘南スタイルは地域特産品開発のため、地元の摘み取ったミカンを選別する業者を探していたところ、「進和学園」で日中活動に受託作業を実施していることを知り、選別

トマト製品

トマトを加熱し、加工

作業を依頼することとなった。

さらに湘南スタイルより農林水産省「六次産業化ネットワーク活動交付金」の活用、トマトを原料とした食品加工などのさまざまな提案を受けたことから、２０１３年、進和学園は新たな職域として食品加工事業への参入を決定した。

進和学園が「六次産業化ネットワーク活動交付金」の実施主体、湘南スタイルが活動の促進事業者となり、取り組みに当たっては「６次産業化ネットワーク協議会」を組織した。ＪＡ湘南、ＪＡさがみ、ＪＡかながわ西湘、ＪＡ全農かながわ、神奈川県農業技術センター、平塚市産業振興部、地元自治会の協議会「湘南ひらつか・ゆるぎ地区活性化に向けた協議会」も加わり、湘南地域の農産物の商品開発・加工・販売を進めている。

「しんわルネッサンス」では、かつては建物の1、2階で自動車部品の製造・組立をしていたが、1階部分を食品加工スペースに改修し、さらに県内で初の小ロットでも搾汁できる機械を導入した。施設改修・機械導入費用等で９１１５万円、うち交付金３

３１８万円、残りは自己資金を投入した。

現在、トマトのジュースやピューレ、ブルーベリージャム、ニンジンジャム、ミカンジュースなどを製造。トマトは１日約１５０kgを加工し、製造されたトマトジュースやピューレやジャムは「湘南工房」という地域ブランドで、地元の直売所・高級スーパーなどで高い値で販売、レストランへも出荷されている。A型2名、B型6名、移行9名、職員6名が従事し、平均賃金はA型で14万９０００円、B型・移行で4万７０００円を支払っている。

進和学園（「しんわルネッサンス」）は食品製造。湘南スタイルは主に商品のデザイン・販路開拓・関係機関との調整。神奈川県農業技術センターは食品加工の技術指導。ＪＡは原料の確保・出荷、商品の直売所での販売を行っている。

地域主体のそれぞれが特色や強みを活かし、「福」を中心とした新たな地域の商品開発、農業振興、そして障がい者就労に結びつけている。近年、原料のトマトが不足し、ＪＡがトマト生産の掘り起こしを図っている。

広葉樹の苗木づくり

このほか進和学園は研進の指導・協力を得て、リーマン・ショック後の職域開拓の一環で、「いのちの森づくり事業」にも取り組む。障がい者がどんぐりを種から苗木に2~3年間育て、育てた苗木を自治体などへ有償・無償提供し、さらに植樹後の2年間は下草刈りをし（育樹）、広葉樹の森（「いのちの森」）を育成するというものだ。

法人や個人へ寄付を募り、２００８年には「いのちの森づくり友の会」を設立し、年間１０００万円ほどの寄付金を集め、苗木の育成、育樹作業費に充当し、障がい者の就労系事業としている。現在、苗木づくり・育樹作業が間に合わないため、進和学園が地域の他の事業所にも作業委託するまでになっている。

このように社会福祉法人が地域のＮＰＯ法人、ＪＡ、農家、行政等と連携し、地域の規格外の小ロットの農産物の加工・販売を行うことで、農家の新たな収入機会の確保、ＪＡの新たな販路の確保、地域農業の活性化、地域ブランドの商品開発に貢献している。事業所が地域のためにサービスやモノを提供する主体としての役割を担っている。そして農業だけでなく、林業にも取り組み、他の事業所との連携を図っている。

事業所が「農福商工連携」の工の役割を担い、付加価値の高い商品を生産し、「農」の林業への広がりを進めている。

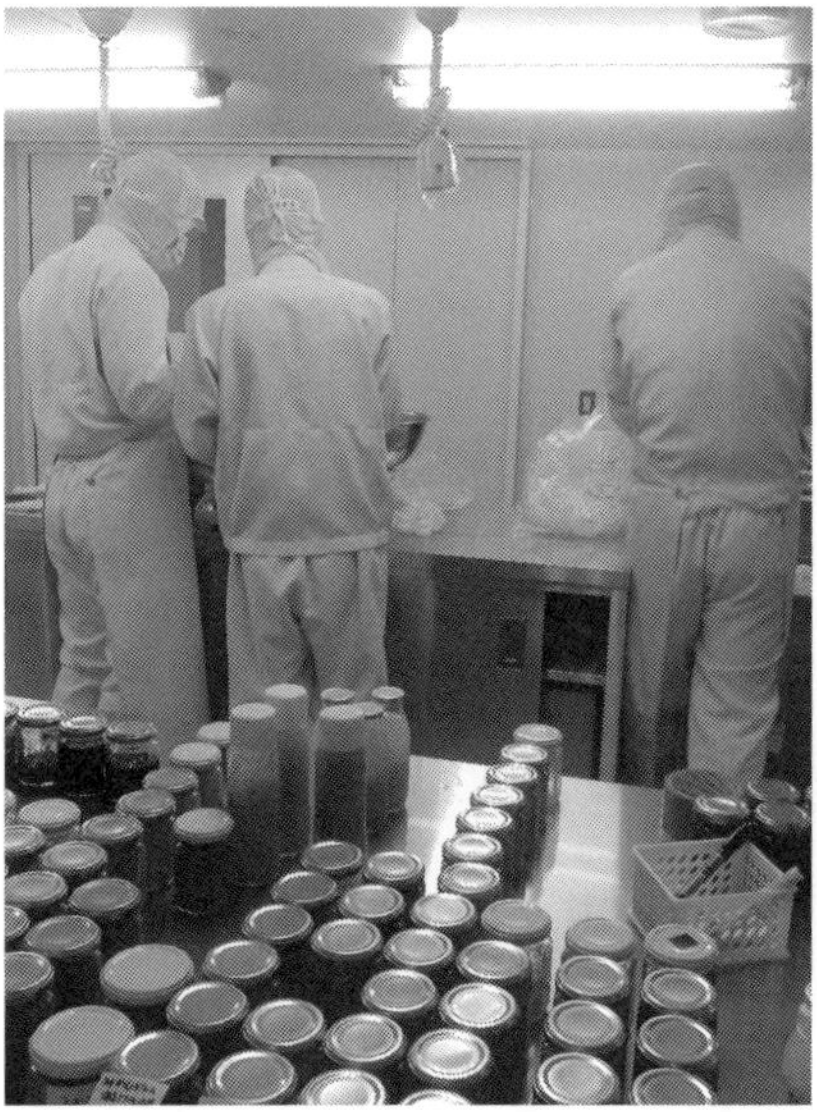
ブルーベリージャムなどの瓶詰

## 農福＋α連携の潮流

前節までは、農福連携、そして農福商工連携の取り組みや広がりについてみてきた。そして農福連携は障がい者の農業分野での就労（就労訓練を含む）であるが、これからは林業・水産業・エネルギー産業などへ「農」が広がっていく、そして引きこもり・生活困窮者・受刑者などへ「福」が広がっていくということを示した。ここからは、さらに広がる農福連携の可能性について提示していこう。

地域の課題となるさまざまな有償・無償の事業・活動に取り組んだり、地域を創生するためにさまざまな有償・無償の事業・活動に農福が取り組むというものだ。それは「農福＋α連携」という。農福商工連携もその一つであるが、単に「生産」にだけ役割を持つのではなく「生活」にも役割を持つ。

例えば、事業所や障がい者等が農山漁村地域の限界集落で買い物支援を行ったり、観光事業、教育事業、芸術事業、介護保険事業、医療事業などの有償・無償のサービス（事業・活動）を提供するのだ。つまり、「農福＋医療連携」「農福＋介護連携」「農福＋芸術連携」「農福＋スポーツ連携」「農福＋教育連携」などである。以下では、二つの主な取り組みを紹介する。

## 地域課題解決に挑戦

### 社会福祉法人虹の会

滋賀県高島市は琵琶湖西岸に位置し、市街地のほか過疎化と高齢化で商店や医療機関もない中山間地域を抱える。

ここで社会福祉法人虹の会（以下、虹の会）は、九つの事業所を運営し、知的・精神障がい者の就労と生活を支援する事業をしている。職員数は約１２０人、障がい者の利用登録者は１８０人以上という、地域で有数の施設だ。

２０１１年（平成23年）より、特定非営利活動法人「滋賀県社会就労事業振興センター」の指導のもとで、障がい者（虹の会の就労継続支援Ｂ型事業所「アイリス」「ドリーム・あんです」「大地」）が高齢者の買い物を支援する「ぎょうれつ本舗」に取り組んでいる。

軽自動車に商品を積んで移動販売（引き売り）をする。2〜5台の車が行列し、異なる商品を載せて販売。事業運営は虹の会が行うが、販売は虹の会だけでなく、他の事業所や地元商店なども車を出す。いわば〝移動商店街〟である。

高齢者などの買い物支援と人と触れ合う交流の機会創造、障がい者の新たな職域の開拓と工賃の向上、障がい者に対する理解促進という課題を、マッチングさせたものだ。

虹の会の事業所

行列して移動

販売商品は、野菜、果物、菓子類、弁当・惣菜、雑貨、花などいろいろ。当初は事業所の自主製品だ

古民家前での野菜などの販売

他の事業所で生産したクッキーも販売

け販売していた。だが、顧客ニーズに対応して仕入れた商品も販売している。軽自動車が走る販売ルートは二つからスタートして現在は四つ。販売場所は３か所から20か所に増えている。

高島市は12年（平成24年）度から、この取り組みを高齢者の買い物を支えコミュニティづくりのための、虹の会との協働提案事業と位置づけ、「支え合いの社会づくりのための移動販売事業」として補助している。

新たな買い物の機会の提供だけでなく、販売スタッフが高齢者や子育てで孤立する主婦の話し相手にもなっている。また、巡回安否確認、井戸端会議などの場づくりにもつながっている。さらに最近では販売時に、販売先の農家から反対に農家が生産した野菜を買い上げ、虹の会が新旭駅近くで開業したカフェの食材として利用している。

今回の事例は第二、三次産業の取り組みだが「農福商工連携」の一つだ。「障がい者が地域の課題を解決する」事例である。地域の主体が競合するのではなく、協同と連携によって地域課題を解決する。

福祉が企画・運営し、その〝接着剤〟になっている。

## 地域の観光・教育を興す

### ～株式会社九神ファームめむろ～

九神ファームの事業所・加工場

新加工場（2015年オープン）

株式会社九神ファームめむろ（以下、九神ファーム）は北海道・十勝平野の中央部に位置する、山林が約40％、農地が約42％を占める芽室町の畑作地帯に開設された就労継続支援A型事業所（以下、A型）である。

九神ファームは、2013年、町内で初めて設立されたA型で、障がい者20名、職員10名、そして地域の農業をリタイアした高齢者の農業サポーター3名が農業生産および一次加工（皮むき・カット・熱処理）に取り組んでいる。

ここではさまざまな先進的な取り組みが行われており、その一つが地域の観光・教育事業への取り組みである。

2012年、宮西町長の町内での障がい者就労の場づくりへの強い意向を受け、同町は「芽室町障がい者福祉就労事業所誘致協議会」を設置し、㈱エフピコの特例子会社の一つである、それまでに数々の障がい者雇用や福祉的就労に関する実績を有する㈱ダックス四国の且田《かつだ》久美係長を「プロジェクトめむろ」のアドバイザー（コンサルタント）に迎え、障

ジャガイモの一次加工（皮むき・カット）

がい者の就学後の雇用の場づくりをスタートさせた。

それまで町内には就労系事業所として就労継続支援B型と就労移行支援事業を実施する法人が1か所しかなく、企業への雇用実績はなかったのだ。且田氏は町に地域の農業、福祉、教育等にかかる関係者・関係機関との調整に入ってもらい、利害関係者のメリットを明文化して提示することで、プロジェクトを迅速に進めた。事業内容は芽室町の基幹産業である農業生産とし、事業を必ず成功させるために販路を確保することから開始した。

そこで九神ファームの出資者は、生産したジャガイモ、カボチャなどを食材として通年利用し、かつ障がい者の雇用実績のある、就労支援にも理解のある四国を中心に数々の惣菜店を展開する㈱クック・チャム、その関連会社とした。

こうして企業サイドは十勝ブランドの野菜や一次加工した野菜を子会社を通じた目にみえる安全・安心な食材として、規格外の農産物利用や中間流通を省くことなどにより安価に、安定的に確保できるよ

真空パックし、加熱したジャガイモ

うになった。また、障がい者の就労支援による企業イメージ向上にもつながった。そして九神ファームは供給する野菜が不足する場合は、ＪＡから購入し、ＪＡの協力も得ながら安定的に原料を確保し、供給を図っている。

九神ファームにとっては、A型における安定した仕事、売り上げの確保につながり、多くの障がい者を受け入れることができた。そして加工作業はより高い売り上げの確保と冬期の仕事確保にもつながっている。

平均賃金は約11万円で十勝管内では最も高く、さらに利用者として作業に従事していた障がい者のうち４名が事業所の正規職員として採用されている。１名は障害者手帳を返還、３名は手帳を有するが障害福祉サービス受給者証を返還するまでになっているのだ。

このプロジェクトは地域外の者・組織と地域の行政が協力し、地域の関係者の調整を図り、それぞれにメリットを享受し、「地域型農福商工連携」を図っている取り組みといえる。

ジャガイモ畑での知的障がい者の作業

そして九神ファームは2014年より、ほかの事業所ではまだほとんど取り組んでいない観光および教育事業を「就労キャリア教育旅行」事業として開始している。

町内の国民宿舎「新嵐山荘」を、町外の生徒・学生・社会人等を対象とした修学旅行や研修旅行の宿泊先とし、九神ファームめむろにおいて農業体験をしてもらうという取り組みである。これまでに特別支援学校の生徒、東京の大学生、企業の会社員が利用している。九神ファームで働く障がい者（利用者）が農業技術の指導役となり、町外の障がい者や一般の大学生、会社員、そして修学旅行を引率する教員までもが指導を受ける。

これは九神ファームの障がい者にとっては、自尊心を高め自分に自信を持つことができ、さらなるスキルアップと意欲向上につながり、指導を受ける側にとっては障がい者や農業への理解促進、生徒・学生にとっては働くことの意義を学ぶ機会、地域・事業所にとっては新たな観光および教育事業の機会につながっている。

本事業所の取り組みは、農地をさまざまな場として位置づけた取り組みだ。事業所が「農福商工連携」における農産物生産による「農」、一次加工による「工」、そして観光・教育による「商」を行い、モノおよびサービスを提供している。それが地域の観光・教育産業に一石を投じているのだ。

以上は、地域の高齢者等の買い物支援に取り組む事例と地域で新たに教育を結びつけた観光事業を興す取り組みである。

このほか地域の芸術やスポーツと結びついて地域課題を解決、地域を創生するさまざまな連携を考えることができるであろう。さらには国際的な平和活動にもつなげることができるのではないであろうか。

〈注釈〉

（1） 特例子会社とは、企業が障がい者の雇用に特別の配慮をし、一定の要件を満たす子会社（特例子会社）を設立することで、特例としてその子会社に雇用されている労働者を親会社やグループ会社に雇用されているものとみなし、実雇用率に算定できる子会社をいう。

（2） われわれが目指す社会は本来、こうしたソーシャルファームがなくなる、三方よしあるいは後述する五方よしの事業をNPO法人および株式会社などが実現し、そして行政サービスが行きわたることで人々が安全に安心して暮らせる社会でなければならない。

（3） 濱田健司『農福連携の「里マチ」づくり』鹿島出版会（平成27年12月）では「農福商工連携」を二つのタイプ「事業所内型農福商工連携」と「地域型農福商工連携」に区分。

# 第４章

# 農の福祉力を活かし<br>地域をひらく

就労訓練の場となるハウスでトマト栽培

# 多様な主体が輝き
# その力で地域が輝く

## 「キョードーする人々」とは

現在、わが国において身体障害、知的障害、精神障害に関する認定を受け、障害者手帳を有する者、疾患を有する者は身体障がい者で３９３万７０００人、知的障がい者で74万１０００人、精神疾患を有する精神障がい者で３２０万１０００人で、合計すると７８８万人が障がい者ということになっている（厚生労働省「平成27年版障害者白書」）。

これらの多くは64歳以下であるが、65歳を超えた場合、多くは要介護認定を受ける介護保険の適用を受ける者となる。その要介護認定者数は６１９万人（平成27年12月現在）にも達する。つまり認定を受けている広義の意味の「障がい者」といえる。さらには難病を患う人々[1]が93万人もおり、これらを単純に合計すると１５００万人にも達する。

このほか内閣府、厚生労働省によればニートは60万人、フリーターは１８２万人、引きこもりは70万人、生活保護受給者が２１７万人（平成27年12月）にもなっている。これらの人々は一部要介護認定者や障害者手帳保有者ではあるが、多くが働く機会へのアクセスが困難であったり、非常に低所得な状況下の就労にある人々といえる。

つまり、就労困難な状況にある者として障がい者、要介護認定者、難病を患う人々の人数に、ニート・生活保護受給者等を合計すると２０２９万人となる。このほかに、障がい者や要介護の認定を受けていない者や社会適応が難しく生きづらさを感じるグレーゾーンの者、受刑者や出所受刑者、難民や移民などがいる。

要するに全人口のうち約２０００万人が十分な所得を得る機会がなかったり、そもそも働く機会に恵まれていないという状況にあるといえよう。こうした人々、そして社会的条件の中でさまざまな共助、公助、互助による支え合いを必要とする人々（図４－１）を前述したように「キョードー（協同、共同、共働、協働）する人々[2]」と定義する。

図４－１　キョードーする人々

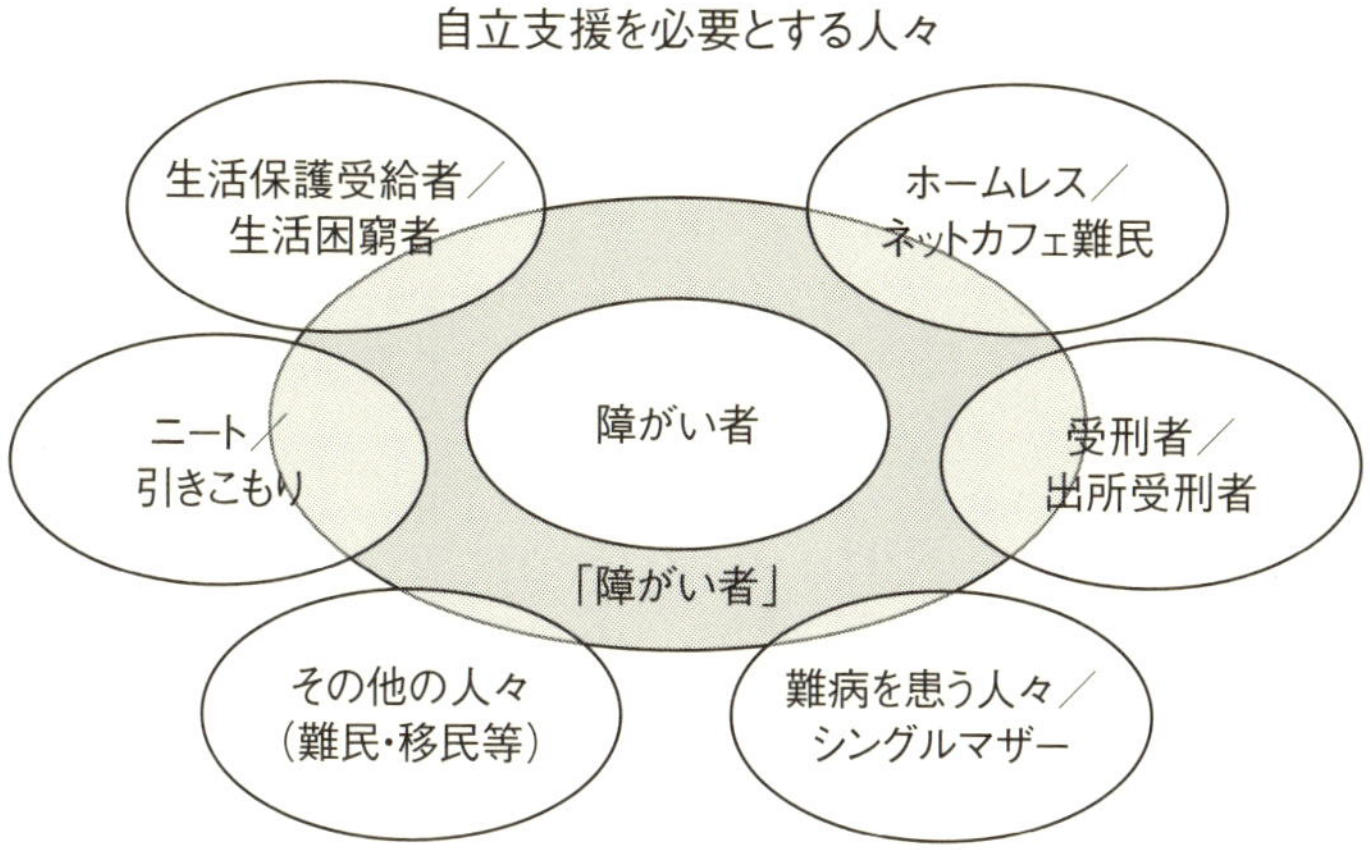


資料：著者作成

もしこのような人々に働く機会を持ってもらうことができたら、どうであろうか。

それは単なる労働力人口である必要もなければ、単なる納税者でなくてもよいのだ。公的な介護保険サービスを受けていたり、障害福祉サービスを受けていたり、生活困窮や生活保護にかかるサービスを受けていてもよい。サービスを受けながらも、働く（＝「役割を持つ」）ことで、税金を支払ってもよいし、料金を支払ってもよい。またお金を介さずに、無償でサービスを提供するだけでもよい。

例えば、高齢者が役割を果たし、ちょっとしたこづかいを稼いでもいいし、生き甲斐として行ってもいい。また、労働所得として得てもよいのである。その結果、介護予防になり、もし入眠剤を飲んでいれば、昼間作業をすることで薬の量が減るかもしれない。

介護を受けていても、人のために役立つことができれば、他の人の負担が減るかもしれない。あるいは介護を受ける人が教えることができるかもしれない。あるいは互いに交流する機会となるかもしれない。例えば、デイサービスセンターの利用者がリクリエーションの先生役となったり、事業所で機能訓練の一環で農作業をして、それを事業所が販売して、昼食代・おやつ代を低価格にしたり無料にしてもよいであろう。

したがって「キョードーする人々」の社会との関わり方はいろいろあっていいはずである。そうした中に障がい者も高齢者も生活困窮者も、その他の人々もいるのだ。

その人ごとの関わり方、つまり役割をプロデュースできれば、サービスを受ける主体がサービスを提供する主体となることができる。そうすることで、社会保障費を低減させたり、あるいは税金を納めることができる。さらには、一人ひとりが輝き出すことができるのではないであろうか。

## 農福＋α連携の意義

一人ひとりを輝かすことができれば、地域も輝き出すであろう。

これからは「キョードーする人々」の役割をつくり出し、人々の意欲を引き出し、社会につなげていくことが重要となろう。実はそれが本来の「1億総活躍」の中身となり、本来の「地方創生」の中身となるのだ。

そして、これは一過性のブームにしてはならない。事業として継続できるものにしなければならない。そして最も重要なことは、「あの一番星を目指す」のではなく、「自分たちで連携してできることを目指す」ことである。地味であるが、意味のある、継続できるものであることが重要なのだ。

地域の中での農福商工連携、そして農福＋α《アルファ》連携のカタチは違うし、人々の役割のあり方はそれぞれ違うのである。こうした地域ごとのカタチをつくり、事業継続できるようにしていくことが重要となる。さらに重要なことは、農業の課題、福祉の課題、地域の課題に対して深刻に取り組むのではなく、「ワクワク」する気持ちとなるようにして取り組むことである。

関係者全員、自分が楽しみ、それを社会のために役立てるということだ。

「農福＋α連携」は単なる助け合いや支え合いの関係ではなく、縦割りを除き、かつ互いの持っている強みや弱みを活かすことができ、さらに新たな価値を創造することもできるのである。「福」がそのきっかけをつくり、「接着剤」となり、広がる「農」が新しい価値を生み出すのである（「農生業」）。

## これからは「キズナ」「マチ」づくり

就労訓練はミニトマトのハウスなどで

地域では農家も零細な商工企業も、ＮＰＯ法人も社会福祉法人も、学校法人も、行政も、みな困っている状況にある。

そうした中でも、それぞれがこれまで単独で頑張り、さまざまな取り組みを行ってきた。しかし、もう単独ではやりきれなくなってきている。だからこそ地域にいる主体が連携すること、キズナをつくることが必要となっている。

これまでは「イエ」「ムラ」[3]という中での関係性を築いてきたが、今後は「キズナ」「マチ」という中での人間関係、社会関係を構築していくことが重要となろう。地域性に加え、①共感でつながる人間関係、②今日的な資源循環、③マチの人間関係のつながりが生み出す社会関係により、新たなネットワーク・社会がつくられていくであろう。

## 「三方よし」から「五方よし」へ

すべての地域主体が、①あるときは支え合い、助け合う、②さらにその先には地域課題を解決する、③そして、その先には地域を創生することを目指すのである。

「農福＋α連携」が目指すのは、「五方よし」の地域を再生し、つくることである。それは人間同士の関係、現代の関係だけをよくする「三方よし」ではなく、①売り手よし、②買い手よし、③世間よし、④未来（世代）よし、⑤自然よしの「五方よし」社会システムを実現していくことだ。

# 農の福祉力が地域をひらく

## 農の福祉力で地域の課題解決に

農は「つくること」「食べること」「その場にいること」という行為によって、「癒し」、「健康づくり」、「治療（ケア・リハビリテーションを含む）」、「レクリエーション」、「生き甲斐づくり」などの福祉力の効果を発揮する。

農の福祉力は農福連携、農福商工連携においては就労・就労訓練の機会を提供する大きな原動力となっていた。これによって、地域の中で孤立していた障がい者が農を通じて地域へ出て、新たな働く機会および新たな収入を得る機会となり、そして地域住民との交流の機会ともなった。

翻って地域や農業サイドにとっては耕作放棄地を管理してもらったり、有効に農地活用してもらったり、農繁期の農作業を手伝ってもらったり、あるいは農産物を販売してもらったり、地域の特産品を開発してもらったりと、さまざまな地域農業の課題解決につながっている。さらには、障がい者だけでなく、地域の中の引きこもりや高齢者なども社会に引き出し、役割を持ってもらうことや社会復帰の機会を提供することも可能だ。

また「農」の広がりによって、林業・水産業・エネルギー産業も可能であり、加えて地域の商工を連携させることで、地域のさまざまな仕事が農福と連携することが可能となっている。それは地域の課題を解決したり、地域を創生するための地域で必要とされている有償・無償のサービスやモノを提供していくこともできるのだ。

そして必ずしも収入を得る仕事である必要はない。また、教育や介護や医療や芸術や平和活動などといったものとの連携でもよい。

例えば、若年性認知症の人々に対する農林水産業分野による居場所づくり、疾病の進行を遅らせる機会づくり、できる限りの社会復帰の機会づくりが可能である(4)。また高齢者の介護予防、サラリーマンのメンタルヘルスケア、子どもの障がい者との交流による教育体験、農村芸術による知的障がい者や精神障がい者の能力を活かしたマチづくりなど、さまざまなことが取り組める。

そして都市農業の新たな機能発揮の創出、都市から農村への移住促進を図ることもできる(5)。

## 農山漁村全体の場の活用

農地、林地、海、農山漁村全体が大きな農の福祉力を持っているため、これらの場を活用すれば、障がい者等を含めた地域の多様な主体が働くこと、役割を持てる機会をつくっていくことが可能となるのである。

その結果、農の福祉力は社会保障費の医療、介護、障害福祉リービス、生活保護給付、教育などの費用、さらには労働負担を低減させ、一方で地域の中で現在、孤立し、社会とつながる接点の少ない人々を社会と連携させ、教育、就労訓練、就労の機会をつくり出す可能性を秘めている。さらにはこれらの地域の多様な主体は税金を支払うことも可能となろう。

これまで単に公的サービスの受給者であった者が、貨幣価値を生み出す生産活動に参加できたり、あるいは貨幣価値では評価しづらい価値あるものを提供することもできるのではないであろうか。

障がい者を雇用したある企業では、「以前より職場全体の雰囲気がよくなり、とてもよくコミュニケーションが図れるようになった。その結果、作業効率が高まった」「障がい者に合わせた動線を確保することで、より作業効率が高まった」などという効果を認めている。

## 想いをつなぐ「福」の力を発揮して

「福」というのは、実は人間の優しさであり、思いやりである。これまでこの「福」（例えば、障がい者や要介護認定者）は社会的コストとして認識されたり、可哀想な存在、してあげないといけない存在として位置づけられることが多かった。だが、「福」には人を想いでつなげる力がある。だからこそ農福連携や農福商工連携が広がっているといえよう。ここには「今だけ、ここだけ、自分だけ」という発想はない。「将来のために、世の中のために、みんなのために」という想いがある。自分たちの利害を超えて、目にみえないものにも想いを寄せ、みんなで楽しみながら、農福連携、農福商工連携、そして農福＋α連携に取り組んでいるのである。だから、縦割りを乗り越え、互いの足を引っ張り合うのではなく、管理するのでもなく、自由な発想でいろいろなことを考え、行動することができるのだ。

したがって「誠実に、前向きに、世のために、多様ないのちと多様な価値を受容し、楽しみながら自主的に行動している」のである。この動きこそが、農福連携が今日ここまで広がってきた大きな原動力になっている。

## 「役割」の意味

人は、生まれながらに発現するＤＮＡによる個性、生まれ育った地域や家族関係、そして社会に出てからの環境などにより、その生き方は決まる。こうした中では、他人の評価を自分の評価として受けとめたり、「この生き方しかできない」と思っていたり、「自分の価値観はこうだ」「自分には限界がある」と、他人の評価や自分の狭い思い込みによって、自分の生き方を決めることが極めて多い。その中で、自分の存在価値を見出そうとする。だが、他人や自分の狭いモノサシから外れた場合、自分の存在価値を見出せなくなるのだ。

しかし、人間がこの世に生まれてくるというのは、必ず意味があって生まれてきている。それは何のためか。「役割」を果たすためである。その「役割」は単に働くことや仕事をすることではない。社会やまわりの人々のために、何かの役に立つという意味である。

ニンニクの植えつけ

時代によって、地域によって、人々によって、「役割」は変わる。労働生産性や資本効率だけを追求していけば、そのモノサシに合う者だけが、役割を持つことができ、成功者・勝者となる。だが、その結果、そのモノサシからこぼれ落ちた者は、貧困状態となり、社会的コストとなり、敗者となる。現在はそのような社会が広まりつつある。

## 「役割」を果たせるように

このような社会は自然の多様性からすればあり得ない。欧米型の一般的な近代農業では、生産中に農作物を食い荒らす虫や病気にする虫を害虫という。だが、よく考えてみると、虫は本来のこの地域の元の自然の姿に戻そうとしているだけといえる。それをわれわれ（あるいは、ある特定の人間）のモノサシだけで判断しているに過ぎない。

本来ならば、かつての里山のように人間が自然の一員となることでより自然の多様性が豊かになる、そのような農業、林業、水産業の生産方法でなければならないであろう。単に昔に戻るのではなく、人間を包摂する「いのち」の多様性が豊かになる今日的な自然との関係を築くということである。

翻って、人間社会をみてみよう。費用対効果を突き詰めていけば、子ども、高齢者、そして障がい者は単なるコスト要因でしかない。だが、本当にこれらの人々に「役割」はないのであろうか。実際には「役割」を持てないように、持たなくてもよいように、われわれがあるときは恣意的に、あるときは無知であるために、あるときは無関心であるために、あるいは自分自身がそうしたいために、しているのではないであろうか。

われわれはもう一度、地域に存在する、この世に生まれてきた「いのち」に想いを巡らせ、それぞれの「いのち」が「役割」を果たすことができる人間関係を、社会システムを、地域を、社会を、そして自分自身を構築していくことを目指さなければならない。

## 「農の福祉力大国日本」へ

わが国の国土は、66%が森林、12%が農地、さらにまわりには広大な海が広がっている。熱帯から極東の気候まで有する世界でも極めて稀な国（ある意味で世界の縮図）であり、これは日本そのものが農の福祉力を有する国家といえる。

わが国のそれぞれの地域で、それぞれの農の福祉力を活かした農福連携、農福商工連携、農福＋α連携を一つひとつつくりあげていけば、日本を大きく変えていくであろう。ひょっとしたら、それは世界を変革していくことにもつながるのかもしれない。

日本そのものが「農の福祉力大国」なのである。そうとらえたならば、世界と日本の関わり方は大きく変わるであろう。農と福祉を土台にした、世界における日本の新しい「役割」がここにはある。

〈注釈〉

（1） 特定疾患医療受給者証の所持者数（平成26年12月末）

（2） 実はすべての人々が「キョードーする人々」となる可能性がある。病気になったとき（病人）、高齢になって身体が不自由になったとき、自分の言葉の通じない海外で住むときなど（移民、難民、出張滞在者等）、そして社会的条件によって、生活が困難な状況になったとき、支えてもらうこと、互いに支え合うことが必要となる人々をいう。つまり、個人の心身の状況および社会条件によって、生活することが困難な状況に置かれている人々であり、共助・公助・互助により支え合う人々である。

（3）日本では「イエ」は、自給自足社会における個人が助け合い支え合い信頼できるコミュニティの最小単位となる家族そのもの、あるいは家族がつながる場であったが、近年、家族内のコミュニティは崩壊しつつあり、「イエ」そのものが大きく変質しつつある。例えば家族だけで、教育、医療、介護、食料・エネルギー・衣服確保などを行うことは難しくなっている。衣食住に関する資源を購入する、教育現場において親が子どもを虐待したり、介護現場においては子どもが親を虐待していることをみればわかるであろう。もう外部とのつながりなしでは個人そして家族が維持できなくなっているのだ。つまり「イエ」だけでは支えきれず、家族外との「キズナ」によって個人が支え合うようになっている。「ムラ」についても、近年、かつての「イエ」と「イエ」が支え合う信頼関係のある「ムラ」は消滅していく可能性が高くなっている。資源の自給自足構造が崩壊し、人がいなくなったり、新たな人々が移り住んだりしている。そうした中で新たな資源循環システムの構築、新たなコミュニティの創出が求められている。著者は、今後は「ムラ」、そして市町村や都道府県、さらに近年検討されている道州に代わって、かつての「藩」の範囲が資源・コミュニティ・文化・自治の保たれる「マチ」の基礎単位になると考える。

（4）奈良県の一般社団法人SPSラボ若年認知症サポートセンター「きずなや」などが実施している。

（5）大阪府泉佐野市のNPO法人おおさか若者就労支援機構は、泉州地域（大阪府南西部）のニートや引きこもりや生活困窮者を対象とした社会復帰のための生活訓練・就労訓練を実施し、都市近郊農業地域において農業を通じた社会復帰を図っている。またここを卒業した元ニートや引きこもり同士が泉佐野市で農業法人泉州アグリを設立し、地域の耕作放棄地の管理、社会復帰支援を必要とする他のニートや引きこもり等への就労訓練を行っている。さらに泉佐野市と青森県弘前市は平成28年より共同で地方創生関連予算の交付金を活用し、生活困窮者等の都市地域から農村地域への移住・就農を図る取組みを行っている。両市が支援機構・泉州アグリ・A'ワーク創造館（大阪地域職業訓練センター）に委託し、最初に都市近郊農業地域（泉佐野市）で泉州アグリが事前の農業体験研修を行い、次のステップとして農村地域（弘前市）の農業法人がリンゴ農業体験研修を行い、移住を促している。同様の取り組みとして、大阪府豊中市が平成26年度から高知県土佐町で農業体験研修を実施したところ、体験者71名中4名が土佐町で農業体験研修を実施した法人へ就農を果たした。また2割が高知県への移住、2割が他県への移住（うち2割が就農）を希望している。

## ◆インフォメーション（本書内容関連）　2016年10月現在

**特定非営利活動法人 日本セルプセンター**
〒160-0022 東京都新宿区新宿1-13-1 大橋御苑駅ビル別館2階
TEL 03-3355-8877　FAX 03-3355-7666

**公益社団法人 日本農業法人協会**
〒102-0084 東京都千代田区二番町9番地8 中労基協ビル1階
TEL 03-6268-9500　FAX 03-3237-6811

**農林水産省 農林水産政策研究所（農業・農村領域）**
〒100-0013 東京都千代田区霞が関3-1-1 中央合同庁舎第4号館9階
TEL 03-6737-9000（代）　FAX 03-6737-9600

**きょうされん（旧称：共同作業所全国連絡会）**
〒169-0074 東京都新宿区北新宿4-8-16 北新宿君嶋ビル9階
TEL 03-5937-2444　FAX 03-5937-4888

**全国社会就労センター協議会（セルプ協）**
〒100-8980 東京都千代田区霞が関3-3-2 新霞が関ビル　社会福祉法人全国社会福祉協議会 高年・障害福祉部内　TEL 03-3581-6502　FAX 03-3581-2428

**独立行政法人 高齢・障害・求職者雇用支援機構（本部）**
〒261-8558 千葉県千葉市美浜区若葉3-1-2 高度訓練センター内
http://www.jeed.or.jp/

**国立研究開発法人 農業・食品産業技術総合研究機構（農研機構）農村工学研究部門**
〒305-8609 茨城県つくば市観音台2-1-6　TEL 029-838-7513（代）　FAX 029-838-7609

**農林水産省 農村振興局 都市農村交流課**
〒100-8950 東京都千代田区霞が関1-2-1　TEL 03-3502-8111（代）　FAX 03-3595-6340

**厚生労働省 障害保健福祉部 障害福祉課**

〒100-8916 東京都千代田区霞が関1-2-2　TEL 03-3595-2528　FAX 03-3591-8914

**一般社団法人 ＪＡ共済総合研究所**

〒102-0093 東京都千代田区平河町2-7-9　JA共済ビル5階
TEL 03-3262-9684（代）　FAX 03-3262-9667

**京丸園 株式会社**

〒435-0022 静岡県浜松市鶴見町380-1　TEL 053-425-4786　FAX 053-425-5033

**埼玉福興 株式会社**

〒360-0203 埼玉県熊谷市弥藤吾2397-8　TEL 048-588-6118　FAX 048-588-8178

**株式会社 緑生園**

〒518-0613 三重県名張市上小波田1797　TEL 0595-65-1666　FAX 0595-65-8787

**社会福祉法人 白鳩会**

〒893-2501 鹿児島県肝属郡南大隅町根占川北2105
TEL 0994-24-2517　FAX 0994-24-3711

**株式会社 パーソナルアシスタント青空**

〒790-0942 愛媛県松山市古川北3-4-32　TEL 089-958-9165　FAX 089-958-1812

**社会福祉法人 こころみる会**

〒326-0061 栃木県足利市田島町616　TEL 0284-41-5039　FAX 0284-43-2665

**NPO法人 香川県社会就労センター協議会**

〒761-0322 香川県高松市前田東町585-5
TEL 087-813-1420　FAX 087-813-1421

**株式会社 サニーリーフ**

〒522-0236 滋賀県彦根市犬方町798番地　TEL＆FAX 0749-49-3680

**一般社団法人 日本青少年育成協会**
〒162-0825 東京都新宿区神楽坂6-46　TEL 03-3269-8411　FAX 03-3269-8414

**ＮＰＯ法人 サポートセンターゆめさき**
〒904-2171 沖縄県沖縄市高原7-34-29　TEL 098-930-1066　FAX 098-930-1068

**日本労働者協同組合：NextGreen但馬**
〒669-6344 兵庫県豊岡市竹野町椒1247　TEL＆FAX 0796-20-4154

**島根あさひ社会復帰促進センター**
〒697-0426 島根県浜田市旭町丸原380-15　TEL 0855-45-8171

**社会福祉法人 こころん**
〒969-0101 福島県西白河郡泉崎村泉崎字下根岸9
TEL 0248-54-1115　FAX 0248-53-3063

**社会福祉法人 進和学園：しんわルネッサンス**
〒259-1204 神奈川県平塚市上吉沢1520-1　TEL 0463-58-5414　FAX 0463-58-5329

**社会福祉法人 虹の会**
〒520-1521 滋賀県高島市新旭町北畑45番地　TEL 0740-25-8220　FAX 0740-25-8221

**株式会社 九神ファームめむろ**
〒082-0086 北海道河西郡芽室町中美生2線47番地1
TEL 0155-65-2280　FAX 0155-65-2282

# おわりに

働きたいという思いがあるにもかかわらず、働くことのできない人々は大勢います。とくに障がい者や生活困窮者、ニートや引きこもりの若者、ネットカフェ難民、シングルマザー、高齢者、出所受刑者、難民などはハンディキャップがあるとして必ずしも働く場に恵まれていません。本書において自然と結びついた農業分野には、これらの人々を受け入れる素地や包容力があることを示してきたつもりです。

本書は、多くの皆様との農業・福祉の現場で「共創・共生」する気持ちがつながって、生み出されたものです。これからも「共創・共生」を基本に据えて一緒につながり、「五方よし」のために、皆様とキョードーできればと考えています。一人ではなく、それぞれが個性を活かし、助け合い、支え合い、連携して、多様な主体（とくに通常の労働市場で仕事が見つかりにくい障がい者など）が農業・農村分野での働く場と機会を得て輝き、地域づくりの原動力になっていると実感するのは私だけではないはずです。農福、そして農福＋α《アルファ》連携を広め、一緒に新しい社会を創っていきましょう。

調査研究にご協力いただいた福祉関係者、農業関係者、コラム執筆の機会をいただいた日本農業新聞、意識啓発に協力していただいた新聞・雑誌等関係者、現場を創りあげるさまざまな支援を行ってくださった農林水産省・厚生労働省・法務省・地方自治体などの関係者の皆様、そして後方から温かく支えてくださった村木厚子様、安倍昭恵様に心より感謝申し上げます。

最後になりますが、本書の出版にご協力いただいた創森社の相場博也さんをはじめとする編集関係の方々にも大変お世話になりました。記して謝意を表します。

著　者

# 農の福祉力を発揮するために

農福連携は、毎年のようにその取り組みを支援する動き、そして取り組みが広がっている。

本書が出版された翌年2017年3月には、全国農福連携推進協議会（現、一般社団法人日本農福連携協会）が設立された。この組織は農福連携に関係する国・県・市町村といった行政、農業団体・福祉団体・その他非営利団体、そして実際に農福連携に取り組む障害福祉サービス事業所や農業生産者、この取り組みを支援したい企業や個人などが構成員や会員となり、農福連携を全国で統一して進めるためのプラットフォームとして民間主導で誕生した。

同年7月には、各都道府県が農福連携の窓口を設置し、全都道府県間での情報共有や研究や提言など行う農福連携全国都道府県ネットワークが知事主導で誕生した。

そして2019年4月に内閣府が農福連携等推進協議会を設置し、6月には「農福連携等推進ビジョン」が掲げられた。構成組織は、内閣府、農林水産省、厚生労働省、法務省、文部科学省であり、これによってすべての省庁や都道府県や市町村や国民や関係団体などが連携を図り、取り組むこととなった。

ＪＡ全中およびＪＡ全農も2019年度からの3か年計画の中に、農福連携に取り組むという文言を盛り込んだ。これにより、これまで福祉サイド中心ですすんできた農福連携が農業サイドからも広がることになった。

さらに11月には、農林水産省は障害者が主体的に携わって生産した農林水産物およびこれらを原材料とした加工食品について、その生産方法および表示の基準を規格化した通称ノウフクＪＡＳ（農福連携のための日本農林規格）の認証をスタートした（制定は3月）。これによって消費者である国民も、農福連携を知ることになった。

つまり、遠い地方の現場の散らばっていた小さな点の取り組みが、研究を通じたさまざまな関係者・関係団体の連携によって、今や全国規模の農福連携に広がってきたのである。

15年前、「障害者に農業は難しい、できない」と行政・農業・福祉・大学関係者から厳しいコメントをいただいたことを思い返すと、とても感慨深いものがある。

「多様な人々（キョードー者）が社会で役割を果たすことができる。そしてキョードー者と共に生きる社会をつくることができる」ということを、農福連携によって国民へ発信できることとなった。農の福祉力の可能性は、今後もさらに広がる。

「農」は林業・水産業・エネルギー産業・6次産業、「福」は生活困窮者・高齢者へ広がり、目的も就労だけでなくケア・レクリエーション・生きがいづくりなどへ広がっていくからである。そして農の福祉力は、「農」の価値を一層高め、「福」の力を引き出すことができるのである。これからも農の福祉力は、共に生きる社会をつくるための新たな手段である農福連携、農福＋α連携の大きな力となろう。

ソーシャルファームを目指し、化粧品用オリーブを栽培
（埼玉県熊谷市・埼玉福興）

●


デザイン——寺田有恒
ビレッジ・ハウス
写真協力——香川県社会就労センター協議会
緑生園　こころみ学園　埼玉福興
ほか
校正——吉田 仁

**著者プロフィール**

●**濱田健司**（はまだ けんじ）

一般社団法人JA共済総合研究所主任研究員。

1969年、東京都生まれ。東京農業大学大学院修了。農業経済学博士。農の福祉力、障がい者就農、農福連携などについて調査研究。農福連携、農福＋α連携による「共創・共生」の地域社会づくりを探る。農林水産省農林水産政策研究所客員研究員、一般社団法人日本農福連携協会顧問（旧、全国農福連携推進協議会会長）なども務め、著述・講演活動、さらには国、自治体、現場への助言・協力も精力的に行う。

著書に『農福連携の「里マチ」づくり』（鹿島出版会）など。


農《のう》の福祉力《ふくしりょく》で地域《ちいき》が輝《かがや》く～農福《のうふく》＋《プラス》 α《アルファ》 連携《れんけい》の新展開《しんてんかい》～

2016年11月11日　第1刷発行
2020年1月28日　第2刷発行（一部改訂）

著　　者　濱田健司《はまだけんじ》

発 行 者――相場博也

発 行 所――株式会社 創森社

〒162-0805 東京都新宿区矢来町96-4

TEL 03-5228-2270　FAX 03-5228-2410

http://www.soshinsha-pub.com

振替00160-7-770406

組　　版――有限会社 天龍社

印刷製本――中央精版印刷株式会社



ISBN978-4-88340-312-7 C0061

# 〝食・農・環境・社会一般〟の本

創森社 〒162-0805 東京都新宿区矢来町96-4
TEL 03-5228-2270 FAX 03-5228-2410
http://www.soshinsha-pub.com
＊表示の本体価格に消費税が加わります

農の福祉力で地域が輝く
濱田健司 著 A5判144頁1800円

育てて楽しむ エゴマ 栽培・利用加工
服部圭子 著 A5判104頁1400円

図解 よくわかる ブドウ栽培
小林和司 著 A5判184頁2000円

育てて楽しむ イチジク 栽培・利用加工
細見彰洋 著 A5判100頁1400円

おいしいオリーブ料理
木村かほる 著 A5判100頁1400円

身土不二の探究
山下惣一 著 四六判240頁2000円

消費者も育つ農場
片柳義春 著 A5判160頁1800円

農福一体のソーシャルファーム
新井利昌 著 A5判160頁1800円

西川綾子の花ぐらし
西川綾子 著 四六判236頁1400円

解読 花壇綱目
青木宏一郎 著 A5判132頁2200円

ブルーベリー栽培事典
玉田孝人 著 A5判384頁2800円

育てて楽しむ スモモ 栽培・利用加工
新谷勝広 著 A5判100頁1400円

育てて楽しむ キウイフルーツ
村上 覚 ほか 著 A5判132頁1500円

ブドウ品種総図鑑
植原宣紘 編著 A5判216頁2800円

育てて楽しむ レモン 栽培・利用加工
大坪孝之 監修 A5判106頁1400円

未来を耕す農的社会
蔦谷栄一 著 A5判280頁1800円

農の生け花とともに
小宮満子 著 A5判84頁1400円

育てて楽しむ サクランボ 栽培・利用加工
富田 晃 著 A5判100頁1400円

炭やき教本～簡単窯から本格窯まで～
恩方一村逸品研究所 編 A5判176頁2000円

九十歳 野菜技術士の軌跡と残照
板木利隆 著 四六判292頁1800円

エコロジー炭暮らし術
炭文化研究所 編 A5判144頁1600円

図解 巣箱のつくり方かけ方
飯田知彦 著 A5判112頁1400円

とっておき手づくり果実酒
大和富美子 著 A5判132頁1300円

分から合う農業CSA
波夛野 豪・唐崎卓也 編著 A5判280頁 2200円

虫への祈り―虫塚・社寺巡礼
柏田雄三 著 四六判308頁2000円

新しい小農～その歩み・営み・強み～
小農学会 編著 A5判188頁2000円